シマシマが美しい「ようばけ」の地層。
ようばけとは太陽のあたる崖という意味で、
ここには秩父盆地の地層がきれいに露出している。
埼玉県小鹿野町　秩父盆地層群秩父町層
（新第三紀中新世の中期はじめ、およそ 1600 万年〜1500 万年前）

小白井 亮一［文・写真］

すごい地層の読み解きかた

草思社

目次

まえがき

「地層」という言葉から思い浮かべることは何でしょうか。もしかしたら「思いつくものはないなぁ」などと、つれない返事がくるかもしれません。そこまでではなくとも「崖に見えるシマシマのヤツですか」とか、甘いものがお好きな方なら「スイーツのミルフィーユみたいなの、かなぁ」といった返答がありそうです。

このように「地層」にあまりピンとこない方でも、地層には「化石」が含まれているといえば、そこから恐竜、アンモナイト、三葉虫などといった古生物が思い浮かんで、さらに大昔の世界のイメージが広がっていくかもしれません。化石は地層よりもポピュラーで、奥行きのある言葉といえるでしょう。

しかしです。実は、地層からも大昔の地球のようすを推測して、そしていろいろと想像することができるのです。とはいっても、このためには、それなりの必要な知識を持って、地層を読み解いていかなければなりません。

この本は、野外での地層の見方について、いろいろなトピックスを通じてお話ししたものです。また、地層から解明された、ちっちゃなことやすごいことも紹介しました。取り上げたなかには、地層一般に当てはまることばかりではなく、めったにしか見られない事例もあります。しかし、フィールドには思わぬ例外的なものがあることが常です。「自然にはこんな地層もあるのか」と、頭の片隅に置いてもらえればうれしく思います。そして何よりも、読者の皆様が地層の野外観察に少しでも関心を持ってもらえれば、筆者としては望外の幸せです。

それでは、地層を主役に据えた“石の世界”についていろいろと語っていきましょう。お楽しみください。

2023年 初夏

小白井 亮一

第1話
地層バラバラ事件

奇っ怪な絵模様が見える崖

まずは**写真1-1**をご覧ください。パッチ状のものが崖一面にちりばめられ、なんとも奇っ怪な絵模様になっています。何でしょうか。

パッチ状の部分にはシマシマが見えますね。実はこの部分、シマシマの地層がバッキバキに割れて破片になったもの。そのような破片がまるで大きな礫のごとく崖のなかに入っているのです。崖の高さは12mくらい。したがって、大きな破片は差し渡しで数m以上になります。かなりの大きさです。こういったものがゴロゴロと入っているわけですから、奇っ怪どころか、ただならぬ絵模様なのです。あるいは見方を変えれば、地盤となって地下に広がる、あの地層を見事なまでに粉砕してしまう、とてつもないパワーも感じさせてくれます。この地層があるのは、房総半島南端に位置する千葉県南房総市です。

なぜ、シマシマだった地層がこんなことになってしまったのでしょうか。きっと、ものすごいことが起こったに違いありません。この付近では地層の調査が実施され、そして次のようなことがわかったのです。以下は、参考文献[72]、[75]に基づきます。

なぜバラバラに？

今から200万年ほど前のことです。200万年前とはいっても、地質学的にはそれほど古い時代ではありません。このころ、房総半島の先端付近は深い海の底でした。そのような深い海の斜面で、火山灰も混じりながら砂や泥が堆積していました（**図1-1**a）。そして、ある時、大地震が発生したのです。ちなみに、この周辺では今でも、1703年の元禄地震（マグニチュード7.9〜8.2）や1923年の関東地震（マグニチュード7.9）などといった大地震が頻発しています。

200万年ほど前の大地震は、深海底にあった地層も大きく揺らしたでしょう。

写真1-1
大規模な海底地すべりを記録した地層

火山灰を含んだ砂岩と泥岩が互いに重なり合った地層が、大小の破片になっている。これらの破片を取り囲んでいる部分は暗灰色の砂岩である。写真では、厚さ約20mの海底地すべり層のうち、下半分の10mあまりを見ている。写真右下には、海底地すべり層の下位にある地層が少しだけ見えている（右の付図参照）。

千葉県南房総市　千倉層群畑層（第四紀更新世の前期、およそ200万年～100万年前）

付図

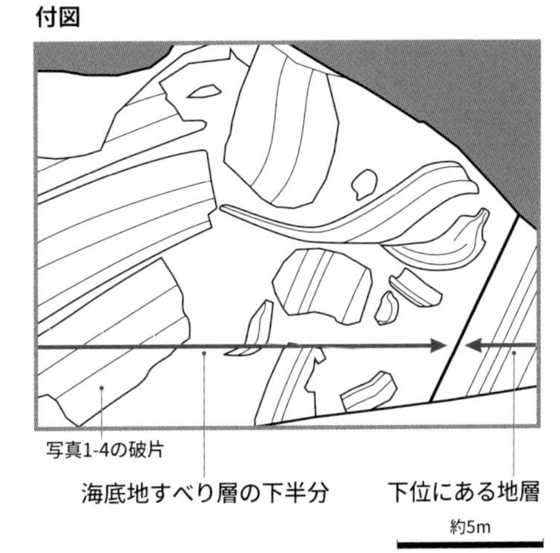

そしてこれにより、砂の層で大規模な「**液状化（現象）**」が発生したのです（図1-1b）。液状化といえば、大きな地震の際に起こる現象で、2011年の東日本大震災（地震名：2011年東北地方太平洋沖地震）の際に注目されました。埋め立て地などにおいて、地震の大きな揺れとともに、とても暗い色の水（砂混じりの水）が地面から噴き出してくる映像を見た方も多いと思います。噴き出すということは、地下では、そのような水が力ずくで地層を割って上昇してきたとみていいでしょう。200万年ほど前の深海底でも、この液状化が大規模に起きて、砂混じりの水があちこちで地層を割りました。そして、地層をバラバラにしてしまったのです。

砂混じりの水は、地層をバラバラにすると同時に、高い圧力で破片を押します。すると破片どうしは、互いに支え合うことができず、それぞれの破片は浮いたような状態になります。そして、ここは斜面です。この浮いたような状態になったものは、斜面上をすべり出して流れ下ることでしょう。大規模な「**海底地すべり**」の発生です（図1-1c）。

すべっていった地層の破片などはやがて傾斜の緩やかなところで止まります。このとき、砂混じりの水もここに砂を残すでしょう。このような破片などは、厚さ約20mで少なくとも数kmの範囲に及んで堆積したとみられます。

広範囲に及ぶ、このバラバラな部分（以下「海底地すべり層」という）の上にも、その後、地層はどんどんと堆積していきます。したがって、通常のシマシマな地層の間に、この海底地すべり層が挟み込まれる形になりました。やがて、海底地すべり層を含む、この地層全体は、深い海の底から陸へと徐々に隆起します。そして、この海底地すべり層は、奇っ怪な絵模様となって写真1-1のごとく出現したのです。ちなみに房総半島南端は、現在も大地震のたびに隆起しています。元禄地震では3～4m、関東地震でも1.5～2mほど隆起しました。

バラバラ事件

この地層を調査した研究者たちは、もう一つ重要な、というより恐ろしい可能性を指摘しています。上記の海底地すべりにともなって引き起こされた、ある現象です。それは何か。

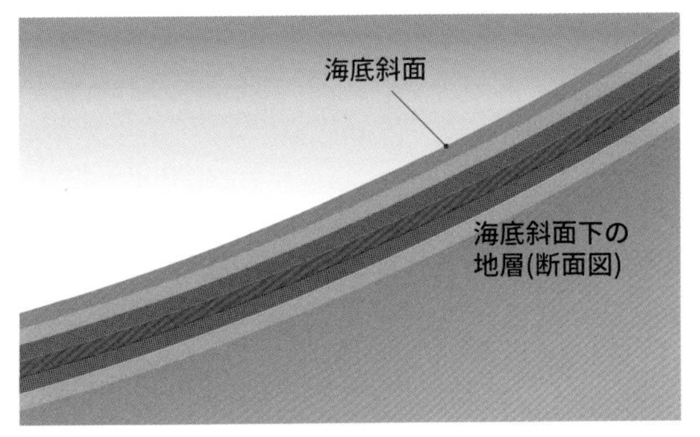

海底斜面に泥層、砂層、火山灰層などが堆積している

a　海底斜面で砂や泥などの堆積

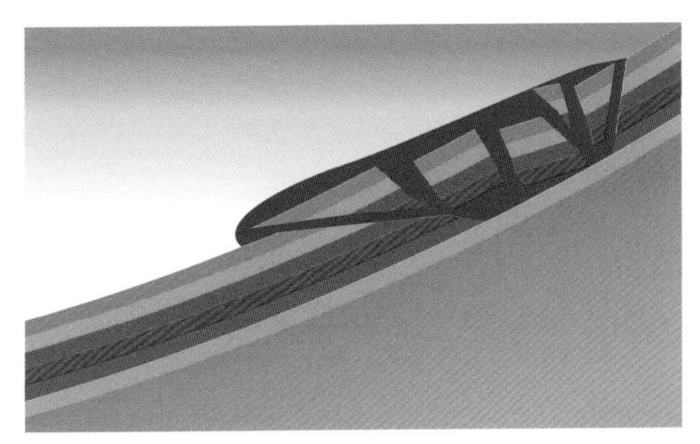

大地震により激しく揺すられ、砂層で液状化が発生し、この結果、地層はバラバラになって浮いた状態となる

b　大地震による液状化の発生

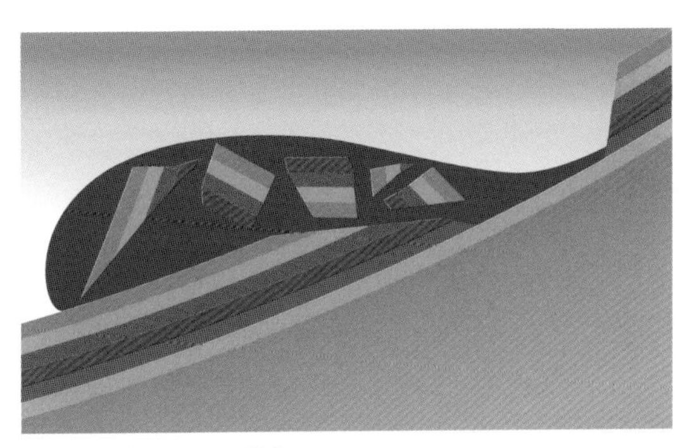

液状化してバラバラになった部分が海底地すべりとして斜面を流れ下り、写真 1-1 のようになる

c　海底地すべりの発生

図 1-1　断面で見た海底斜面と液状化・海底地すべり発生のイメージ

(独) 森林総合研究所・森林農地整備センター・南房総市による現地説明板の図を参考にして描いたもの

実は津波、それも巨大なものが起きたと考えられます。つまり、この海底地すべりは大規模であり、このため海面が大きく変動し、巨大な津波が引き起こされた可能性もあるというのです。

2011年の東日本大震災では、東北地方を中心とした太平洋沿岸は、悲惨な津波被害に見舞われました。地震後に実施された各種調査の結果、この地震によって海底地すべりが発生し、それが津波をより大きくしたとする見方も出ているようで、もしそうであれば、先の恐ろしい可能性が現実のものになったともいえます。

地層を読み解くと、恐ろしい災害の可能性も見えてきます。地層から学ぶべきことはたくさんあるのです。

液状化現象の痕跡がはっきり見える

ところで、写真1-1の崖を詳しく観察すると、図1-1のストーリーを裏付けるものが見えてきます。この地層を読み解いてみましょう。ちなみに、写真1-1のように地層が露出したところを地質学の世界では「**露頭**」といいます。

まずは、写真1-1で見えている部分のことです。ここに写っているものは、厚さ約20mの海底地すべり層のうち、下半分の10mあまりなのです。この写真の右下端には、海底地すべり層の下位（地震の重なり方の上下を「上位」「下位」と呼ぶ）にくる地層、つまりバラバラになっていない正常な地層が少しだけ見えています（写真1-1付図を参照）。そして、海底地すべり層の上半分はこの写真の左側にあり、このため地層の上位は写真の左方向ということになります。実は、いかなるときも地層の上下関係を正しく認識することはとても重要です。「地層の上位は写真1-1の左方向」、このことはちょっとだけ覚えておいてください。

さて、先ほど、液状化が大規模に起きて、砂混じりの水があちこちで地層を割ったと書きました。図1-1bで描いた状況ですね。実は、写真1-1の地層の破片でも、ところどころでその痕跡が見られます。

地層の破片を観察していくと、**写真1-2**のようなところに出くわします。破片を切って、なにやら黒っぽい脈状のものが走っていますね。脈の部分は粗い砂になっています。この脈状のものは、大地震で揺すられて、粗い砂混じりの水が地層を割って進入していった跡だと解釈されています。もちろん、このときの液状化は、巨大な海底地すべりを引き起こすほどの規模で発生しましたから、液状化が激しかった箇所は、跡形もなく崩れたはずです。このように残っている砂の脈は、そのごくごく一部の小規模なものを見ているのです。

地層の上下がひっくり返っているかどうかの判定法

図1-1cで描いたように、地層がバラバラになって海底地すべりを起こせば、その破片のなかには、ゴロンとひっくり返っているものがあってもいいでしょう。このような破片はあるのでしょうか……といいつつも、この問いに答えるためには、地層がひっくり返っているか否かを何らかの方法で判定しなければなりません。

積み重なったシマシマの地層がひっくり返っているかどうか、つまり地層の上下が逆転しているかどうかは、地層で観察される、いろいろな特徴を読み取って判断します。よく用いられる方法を一つ紹介しましょう。地層の「**級化構造**（級化層理）」を使うものです。

写真1-2　液状化の跡が見える地層の破片

粗い砂の脈（微小な白い点の散在する黒っぽい部分）が地層中に入っているようすがわかる。液状化のため、砂混じりの水が地層を割るように入ったものとみられる。写真の左右幅は約50cm。

級化構造とは、1枚の地層のなかで下位から上

写真1-3　級化構造が見られる地層
写真上側が地層の上位である。地層の下位から上位へ砂の粒径が小さくなっている。写真の横幅10cm弱。
大阪府岬町　和泉層群加太累層（白亜紀の後期、およそ7000万年前）

位に向かって、細かな礫や砂の粒径が次第に小さくなり、場合によっては泥の層になってしまうことをいいます（**写真1-3**）。通常は粒径の大きなものほど速く沈んで堆積するため、このようになるとされています。そして、地層に級化構造が認められれば、地層の上下を判定することが可能です。同時にこれを使って地層が逆転しているかどうかも判断できます。

さて、**写真1-4**は、露頭に近づいて、写真1-1の左下にある大きな地層の破片（色が上から下へ薄茶色からグレーに変わっている破片）を写したものです（写真1-1付図も参照）。破片とはいえ地層ですので、シマシマが見えます。このなかでコインが置いてある層に注目しましょう。層を構成する黒いポツポツ（粒）をよく見てください。上にいくほど（写真左上にいくほど）、粗

写真1-4
級化構造が見える地層の破片
写真1-1付図に示した地層の破片に近づいて撮影したもの。この写真の右側が地面の方向である。コイン付近の層の級化構造から、この破片自体がひっくり返っていると判断できる。

くなっていますね。級化構造です。

ところで、写真1-4は、写真1-1と同じく、写真の左方向が地層の上位になります。しかし、黒いポツポツの層では左側ほど粒径は大きくなり、地層の下位方向を示しています。つまり、地層の上下方向と、この級化構造から判断される上下が逆になっているのです。これは、この地層の破片自体が逆転、つまりひっくり返っていることを意味します。

このように海底地すべり層中には、ゴロンとひっくり返った、とても大きな地層の破片もあるのです。改めて、この現象のすごさを感じさせてくれます。

この地層のプロフィール紹介

さて、話はこの海底地すべり層を含んだ地層のことです。この名称や年代などについては、まだ説明していませんでしたね。ここで紹介しましょう。

この地層は千倉層群の畑層と呼ばれるものです。千倉層群の年代は、新第三紀鮮新世の後期から第四紀更新世の前期（およそ350万年〜100万年前）にかけてとみられ、畑層は更新世の前期（およそ200万年〜100万年前）とされています。約46億年といわれる、長い地球の歴史から見れば、かなり新しい時代のものです。

また、底生有孔虫という微化石から、千倉層群が堆積したときの水深は2000m程度と推定されています。かなり深いところです。実は、千倉層群は、海溝近くの深い海底で堆積したとみられます。海溝付近では大地震が繰り返し発生します。地球科学的に見て、海溝やその付近がどのような場所かについては、第5話で説明しましょう。

ちなみに、この千倉層群などといったものは地層の名前です。また、新第三紀鮮新世などは地層の年代をいうときの時代名です。これらについては、**地層こぼれ話1**で説明しています。参考にしてください。

この露頭を見学するには

話は、写真1-1の露頭のことです。この露頭はあまりにも見事で、そして学術的な価値も高いため、現地での保存措置がとられ、見学することができます。

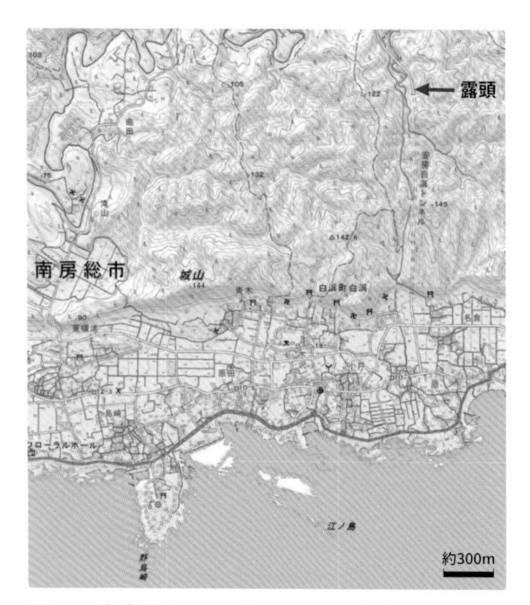

図1-2　海底地すべり層が見られる露頭の場所
海底地すべり層の露頭は、安房白浜トンネルの北側出口付近にある。
地理院地図（https://maps.gsi.go.jp）で標準地図と陰影起伏図を合成して作成したもの

露頭の場所は、南房総市の三芳地区と白浜地区を結ぶ広域農道「安房グリーンライン」沿いです（**図1-2**）。房総半島の最南端、野島崎がある南側（白浜地区）から、このグリーンラインをドライブすると、すぐに長いトンネル（安房白浜トンネル）に入ります。これを抜けた出口付近に、この露頭はあります。露頭の向かい側には、図解付きの説明板が設置されています（**写真1-5**）。ここを訪れ、大地震や、大規模な液状化現象と海底地すべり、そして巨大津波といった、自然の脅威を地層から感じ取るのもいいでしょう。

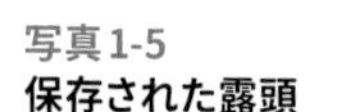
写真1-5
保存された露頭
写真1-1の露頭は保存措置がとられ、見学できるようになっている。現地には説明板のほか駐車場もある。

地層こぼれ話 1

地層の名前と年代、そしてチバニアン

地層の"名"はどう付けられるか

先の海底地すべり層を含んだ地層については、千倉層群の畑層と紹介しました。この「千倉層群」とか「畑層」といったもの、これは積み重なった地層の区分であり名前なのです。

地層は、大きくは「○○層群」という形でくくられ、その下に「△△層」や「□□層」がくるといった形で整理されて、名前が付きます。今の場合、千倉層群という大きなくくりがあり、そこに白浜層、白間津層、布良(めら)層、畑層という地層が属しているのです。○○層群の下にくる△△層は、地層をつくる岩石の特徴・様相に応じて区分されます。このように地層は、まずは「**層**」で分け、「**層群**」としてまとめられます。また、層群や層の名称には、その地層が典型的に分布する地域の地名を用います。例えば、千倉層群の千倉は、南房総市の地名です。

その一方で、地層の区分の仕方や名前は、必ずしも一つだけに決まっているわけではありません。また、層群という大きなくくりが見当たらない場合もあります。研究者によって異なる区分や命名をする場合などがあるからです。本書では、産業技術総合研究所地質調査総合センターなどの公的な機関による地質図や、なるべく新しい学術論文などを参考にして、一般的とみられるものを用いました。

地層の名前は、それが分布する地域の地質をより詳しく調べたいときのキーワードになります。このため、本書で各地の地層を紹介する際には、このような名前も記すことにしました。

地層の"年齢"はどう整理されているか

地層はその形成年代が調べられています。これは地層を知る上での基本的な情報の一つです。千倉層群の場合、年代は新第三紀鮮新世の後期から第四紀更新世の前期(およそ350万年〜100万年前)とされています。このようなものは「**地**

表1-1　地質年代表

(累)代	代	紀	世	期	絶対年代（万年前）
					現在
顕生(累)代	新生代	第四紀	完新世	後期	0.42
				中期	0.82
				前期	1.17
			更新世	後期	12.9
				中期	77.4
				前期	258
		新第三紀	鮮新世	後期	360.0
				前期	533.3
			中新世	後期	1163
				中期	1597
				前期	2303
		古第三紀	漸新世		3390
			始新世		5600
			暁新世		6600 ← K/Pg境界（第7話参照）
	中生代	白亜紀	後期		1億0050
			前期		1億4500
		ジュラ紀	後期		1億6350
			中期		1億7410
			前期		2億0130
		三畳紀	後期		2億3700
			中期		2億4720
			前期		2億5190.2 ← P/T境界（第5話参照）
	古生代	ペルム紀	ローピンジアン		2億5951 ← G/L境界（第5話参照）
			グアダルピアン		2億7301
			シスウラリアン		2億9890
		石炭紀	ペンシルバニアン亜紀	後期	
				中期	
				前期	3億2320
			ミシシッピアン亜紀	後期	
				中期	
				前期	3億5890
		デボン紀	後期		3億8270
			中期		3億9330
			前期		4億1920
		シルル紀	プリドリ		4億2300
			ラドロー		4億2740
			ウェンロック		4億3340
			ランドベリ		4億4380
		オルドビス紀	後期		4億5840
			中期		4億7000
			前期		4億8540
		カンブリア紀	フロンギアン		4億9700
			ミャオリンギアン		5億0900
			シリーズ2		5億2100
			テレニュービアン		5億3880
先カンブリア時代	原生(累)代	新原生代			10億
		中原生代			16億
		古原生代			25億
	太古(累)代(始生(累)代)	新太古代（新始生代）			28億
		中太古代（中始生代）			32億
		古太古代（古始生代）			36億
		原太古代（原始生代）			40億
	冥王代				約46億 地球の誕生

国際地質科学連合（IUGS）、国際層序委員会（ICS）の国際年代層序表（2022/02版）に基づくものであり、作成にあたっては、地質年代を世レベルまで簡略化し、また年代数値も万年単位とした。

国際年代層序表（2022/02版）の出典：日本地質学会の公式ウエッブサイト（http:/www.geosociety.jp/）

質年代」と呼ばれます。

表1-1に、地質年代を整理しました。本書では、地層の年代として、この表に掲載された地質年代の名をしばしば目にすることでしょう。必要に応じて、参照してください。

地質年代区分「チバニアン」の話

さて、日本において地質年代を話題にするとき、今や避けて通れないものがあります。「**チバニアン**」です。表1-1は地質年代の「世」レベルまでのものですが、実はこれより下位に「期」という年代区分があります。期は一番細かい地質年代区分です。新生代第四紀についての期までの地質年代表が、**表1-2**になります。この表を見ると、更新世の中期がチバニアンとなっていますね。

2020年1月に国際地質科学連合（IUGS）という組織によって、更新世の中期をチバニアンと呼ぶことが決定されました。期という、かなり細かな年代区分ですが、地質年代に日本の地名と縁のある名がはじめて採用されたのです。千葉県市原市田淵にある養老川沿いの地層がこの時代のはじまりを示すものとして世界的に見て最適であること、もっといえばこのころ起きた地磁気の逆転を非常によく記録していることが、採用の決め手となりました。

ここで地磁気と、地磁気の逆転について、説明しましょう。方位磁針（コンパス）のN極は、おおよそ北（磁北）を指します。これは、巨大な磁石が地球内部にあり、そのS極が北極近くに、N極が南極近くにあるとみれば説明できます。このような地球の磁気や磁場のことを「**地磁気**」といいます。

実は、過去の地球では、この地磁気が今と逆転した向きになった

表1-2　新生代第四紀の地質年代表

代	紀	世		期	絶対年代（万年前） 現在
新生代	第四紀	完新世	後期	メガラヤン	0.42
			中期	ノースグリッピアン	0.82
			前期	グリーンランディアン	1.17
		更新世	後期	上部/後期	12.9
			中期	チバニアン	77.4
			前期	カラブリアン	180
				ジェラシアン	258

国際地質科学連合（IUGS）、国際層序委員会（ICS）の国際年代層序表（2022/02版）に基づくものであり、作成にあたっては第四紀の部分を抜き出し、年代数値は万年単位とした。

国際年代層序表（2022/02版）の出典：日本地質学会の公式ウエッブサイト（http:/www.geosociety.jp/）

り（コンパスのN極がほぼ南を指す状態）、そこから現在と同じ向きにもどったりしたことが何度もあるのです。最後の逆転は、今から77万年あまり前に起きました。そして、地球規模の出来事であるこのタイミングをもって、更新世の前期と中期の境とすることにし、これがよくわかる最適な地層がどこにあるのか、世界各地で調べられてきました。候補となる地層と場所はいくつかあり、長い間、これらに対しての調査と議論が続きました。もちろん最終的には、上記の千葉（チバ）の地層が選ばれ、時代名もチバニアンとなったのです。

地質年代の地層境界に設置される「ゴールデンスパイク」

さて、**写真1-6**が地磁気の逆転を非常によく記録している、その地層です。

写真1-6　チバニアンの露頭

いわゆる“チバニアンの露頭”である。ここではシマシマの不明瞭な泥質の地層が続いている。露頭上部にある一直線状に延びる細い凹み（矢印のところ）が白尾火山灰層である。なお、露頭には研究のためにサンプリングした跡や目印の杭が多数残っている。

千葉県市原市　上総層群国本層（第四紀更新世の前期末から中期のはじめ頃、およそ85万年～70万年前）

地層の名前は、上総層群の国本(こくもと)層といいます。写真には白尾(びゃくび)火山灰層と呼ばれるところが矢印で示されています。実は、この火山灰層の1mほど上にある地層に地磁気の逆転が記録されていたのです。しかし残念ながら、このような記録は、地層からサンプルを採って、実験室で分析をすることによってはじめてわかります。つまり、野外の地層では地磁気逆転の記録を直接見ることができないのです。

その一方で、この下、約1mにある白尾火山灰層は上下の地層と明瞭に区別ができて、地磁気逆転への目印となります。そこで、この火山灰層、正確にはその底面のところに更新世の前期と中期の境界を置くことになったのです。したがって、この火山灰層の底面から上がチバニアンという地質年代にできた地層ということになりますし、この底面こそが国際的な基準（お手本）となる地層境界なのです。

写真1-7　ゴールデンスパイク
ゴールデンスパイク（金色の円形の部分）には、Chibanian（チバニアン）とGSSPの文字が見える。GSSPとはGlobal Boundary Stratotype Section and Point（国際境界模式層断面とポイント）の略称であり、これは地質年代の境界についての、いわば国際的な基準（お手本）となる地層と地点のことである。ゴールデンスパイクの中央には、境界となる位置を示す十字が印されている。十字の位置がちょうど白尾火山灰層の下面に相当する。バックにある地層の溝状に凹んでいるところが白尾火山灰層である（ただし、ここでは火山灰層は鮮明に見えない）。ゴールデンスパイクがのる銀色のプレートには、上方にChibanian（チバニアン）、下方にCalabrian（カラブリアン）の文字が見える。カラブリアンは更新世の前期後半の地質年代であり（表1-2参照）、ゴールデンスパイクの十字を境に、地層の地質年代が変わることを示している。

国際的に認められた、このような地質年代の地層境界には「**ゴールデンスパイク**」と呼ばれる金色の鋲やモニュメントが設置されることが慣例となっています。写真1-6の露頭でも、2022年5月にゴールデンスパイクが置かれました（**写真1-7、1-8**）。

チバニアンについての詳しいことは、その採用に尽力された研究者が著した参考文献[12]、[24]に詳しくまとめられています。また、拙著になって恐縮ですが、参考文献[18]でも取り上げています。

写真1-8　白尾火山灰層とゴールデンスパイク
写真の左下に見える白っぽく薄い層が白尾火山灰層である。写真の右上にはゴールデンスパイクが見える。写真で、左下の白尾火山灰層を右へ追っていくと、ゴールデンスパイクがあることがわかる。

地層こぼれ話 2

もっとすごいバラバラ事件

北の大地の地層バラバラ事件

“地層バラバラ事件”をもう一つご紹介しましょう。もっとすごいものです。場所は北海道の東部、浜中町。根室市のすぐ西に位置します。ここでは平坦な北の大地が広がりますが、その南の端はどこまでも続く崖で太平洋と境されます（**写真1-9**）。この崖が地層を観察する上で、とても良好な露頭なのです。

写真1-9
北海道東部の海岸沿い
北海道の道東、根室に近い太平洋沿いの海岸。ここでは根室層群の露頭が続く。露頭の高さは10m～20m程度。
北海道浜中町　根室層群厚岸層（白亜紀の後期から古第三紀暁新世の前期、およそ6千数百万年前）

ここで見られる地層は、根室層群の厚岸層で、その年代は白亜紀の後期から古第三紀暁新世の前期（およそ6千数百万年前）とされます。そして、この地層の中に、巨大な海底地すべりでバラバラになったとみられるものが、観察できるのです。厚岸層中のバラバラになった部分は海岸線に沿って延びているため、海岸沿いを歩いていけば、入り乱れたというか、アートのような地層をずっと見続けることになります。

それらの写真をご覧に入れましょう。写っている個別の状態の「なぜ」とか「どうして」はとりあえず横に置き、眺めて楽しんでください。なかなか珍しい“地層百態”となっています。

断層に見えるほど大きい地層の破片

まずは**写真1-10**です。写真の左上から右にかけて、細かなシマシマの地層がスパッと切られていますね。あるいは、見方によっては、写真右側から左上へ、ノッペリとした地層がのり上げたような感じにもなっています。これは断層によるものなのでしょうか。

写真1-10　断層でのり上げた地層？
地層が写真右側から左側へと、のり上げたような露頭。

写真1-11　一見断層でのり上げた地層の正体
写真1-10は、この写真の中央やや下の付近である。離れて露頭を見ると、
バラバラになった地層の一部を見ていたことがわかる。

実は、断層ではないのです。写真1-10の部分を離れて眺めれば、**写真1-11**となります。大きな地層の破片がゴロゴロ入っていますね。つまり、このような露頭の一部が断層のように見えただけだったのです。それにしても、かなり大きな地層の破片が次から次へと重なるようになっていて、見ごたえがあります。まさに“地層バラバラ事件”の現場といえるでしょう。

つんのめって逆立ちした地層？

写真1-12をご覧ください。上にある地層が急傾斜ないしは直立していて、下の方のものはほぼ水平に見えます。つんのめって逆立ちした地層が上にのっているようなこの構図に、とてつもない“パワー”や、見方によっては不安定さを感じます。どのようにしたら、こうなるのでしょうか。不思議です。

写真1-13はどうでしょうか。見た目は、地層が真っ逆さまに上からドスン

▲写真1-12
逆立ち？
のような地層

下に傾きの緩やかな地層、上に急傾斜の地層が見える露頭。これもバラバラになった地層の一部を見ている。ものすごい“パワー”が感じられる露頭である。

◀写真1-13
上からドッサと落ちてきたかのような地層

これもバラバラになった地層の一部を見ている。

写真1-14　カオス状態の地層
地層はしなやかに曲がりつつ、バラバラになっている。

と落ちて、下の地層をギュッと押しつぶしたように見えますね。もちろん、実際のところは、そのようにできたわけではないでしょうが。

一連の露頭における代表的なパターンは、**写真1-14**のような地層のカオス状態でしょうか。地層の破片が入り乱れていますし、どことなく、しなやかさも感じます。地層がつくり出す“アート”はすごいですね。

割れるだけでなく曲がってもいる地層

先の房総半島南端のバラバラ事例では、地層はバキバキと割れて破片になった感がかなりありました。しかし、ここでは地層が思いのほかよく曲がっているのです。

写真1-15は露頭一面で「つ」の字状に大きく曲がった地層です。写真の左側に見える白っぽいブロックが地層を曲げたようにも見えますが、どうなのでしょうか。

ここでの地層の曲がり方はいろいろです。箱形に折れるように曲がっているものもありますし(**写真1-16**)、ヘアピンカーブのようなものもあります(**写真1-17**)。

写真1-15　大きく曲がった地層
写真左側のブロックを取り巻くようにして地層が曲がっている。

写真1-16　箱形の曲がり

地層が箱形に曲がるようすはなかなか見られない。

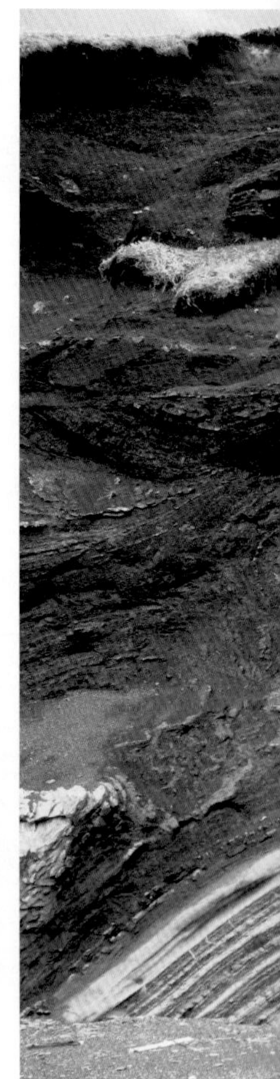

写真1-17　ヘアピンの曲がり

地層が折りたたまれたように曲がっている。

さて、種々雑多な地層バラバラ露頭を見てきましたが、さすがにちょっと食傷気味かもしれません。最後に、個人的に気に入っているものをご紹介しましょう。**写真1-18**です。この露頭、地層がどことなく威厳のある雰囲気を醸し出していますね。このため、写真のタイトルを「威風堂々」にしてみました。

写真1-18　タイトル「威風堂々」
どことなく風格があり、思わず「地層の王者！」と叫びたくなる風貌の露頭。

第2話
美しい地層、でもその裏で…

美しい地層のポイントはシマシマ

野外でいろいろな露頭を見ていると、思わず「あっぱれ！」とか「すごい！」と声をかけたくなる、地層らしい地層に出会うことがあります。どのような地層でしょうか。ちょっと主観が入りますが、やはりシマシマの具合が大きなポイントになります。具体的には、シマシマが非常にクリアでリズミカルなこと、風化・侵食した姿になれば規則的な凸凹が立体的で美しい、といった感じです。言葉で表現するより、現物を見てもらった方が納得できるかもしれません。そのようなシマシマが特徴的で美しい地層を順次ご覧に入れましょう。そして実は、このような地層が読み解ければ、その美しさの裏に隠された激しい自然現象も見えてきます。

地層の“いろは”となる用語

美しい地層をお目にかける前に、ちょっとだけ地層についての基本的な用語を紹介します。これまで地層のシマシマといってきたものは、専門的には「**層理**」といいます。そして、露頭で見える層理は、シマシマですが、実はこれは、面的に広がっていきます。

写真2-1　層理面
海岸沿いで見られる傾いた地層である。白っぽい層は火山灰を含む泥岩、黒い層はスコリア（黒い軽石）からなる。これらの層の一部がはがれ落ち、両者を境する層理面が見えている。
神奈川県三浦市　三浦層群三崎層（新第三紀中新世の中期から鮮新世の前期、およそ1200万年〜450万年前）

写真2-1をご覧ください。白っぽい層と黒い層が相互に重なった地層です。これが傾き、海面から顔を出しています。写真を見ると、

両者の境界（つまり層理）が面的に広がっていくようすがわかるでしょう。このような面を「**層理面**」といいます。そして、層理面と層理面に挟まれた１枚の地層は「**単層**」と呼ばれます。

全国各地の見事なシマシマの地層紹介

それでは、全国各地で見られる、美しい地層をいくつか紹介しましょう。筆者がこの話のために選んだものです。

写真2-2は、海岸に沿って点々と連続する露頭の地層です。黒っぽい泥質の層が目立つためか、全体的に暗い色調になっています。その一方で、層理はとてもはっきりしていますね。この地層は根室層群の浜中層で、**地層こぼれ話2**で紹介した、すさまじく擾乱された地層（厚岸層）のすぐ下位にあるものです。その時代は白亜紀の後期（およそ7000万年〜6千数百万年前）とされています。あ

写真2-2　シマシマの地層 その1
白っぽい層が砂岩、黒っぽい層が泥岩である。この両者が交互に積み重なって、海岸沿いに順次露出している。
北海道浜中町　根室層群浜中層（白亜紀の後期、およそ7000万年〜6千数百万年前）

の厚岸層のバラバラな地層も巨大海底地すべりを起こす前は、このように整然としていたのでしょう。

野外では、もっと細かな層理の地層を見ることがあります。**写真2-3**をご覧ください。これも海岸沿いの露頭です。地層の傾斜が急で、層理が流れる麺のように見えます。海岸には崩れ落ちたシマシマの岩塊が数多くあり、目を引きます（**写真2-4**）。ここでは、急傾斜した砂岩層の底面（層理面の一つ）に、奇妙な形をしたものが見られます。**写真2-5**です。蛇行したひも状の突起が目を引きますね。これは「**生痕化石**（せいこんかせき）」です。生痕化石とは、巣穴や這い跡・足跡、食事の跡、排泄物など、生物の生活の痕跡が化石として残されたものをいいます。写真のタイプの生痕化石は、かなり深い海底で堆積した地層にしばしば見られるようです。この露頭の

写真2-3
シマシマの地層 その2
流れる麺のような地層である。地層はかなり傾いている。これも砂岩（出っ張っている層）と泥岩が交互に積み重なっている。
三重県志摩市　的矢層群の下部（白亜紀の後期、およそ8000万年～7000万年前）

写真2-4
シマシマな地層の転石
細かな層理の転石が数多くあり、特異な雰囲気を醸し出している。

写真2-5
砂岩層の底面に見られる生痕化石
泥岩層がはがれ落ちて、砂岩層の底面が露出している。そこでは多くの生痕化石を見ることができる。写真の左右幅は約30cm。

場所は三重県志摩市。地層は的矢層群の下部に属するもので、その時代は白亜紀の後期（およそ8000万年～7000万年前）とされています。

シマシマが立体的になって美しいといえば「**鬼の洗濯岩**」と呼ばれる景観があります。そして、鬼の洗濯岩といえば、やはり宮崎県宮崎市にある青島のものが代表的でしょう（**写真2-6**）。ここでは海岸一面に地層が広がっています。地層の傾斜は10～15°くらいしかなく、とても緩やかに傾いているのです。この地層は宮崎層群の青島層で、その時代は新第三紀中新世の後期から鮮新世の前期（およそ600万年～500万年前）とされています。青島の南に位置する堀切峠から海を見下ろすと、海岸に沿って鬼の洗濯岩が広がっていて、一見の価値はある景色になっています（**写真2-7**）。

海岸に限らず河川沿いでも、美しい、というよりも精緻な層理の地層を見る

写真2-6　シマシマの地層 その3（鬼の洗濯岩）
宮崎県の日南海岸、青島で見られる「鬼の洗濯岩」。これも砂岩層と泥岩層が交互に延々と積み重なったものである。
宮崎県宮崎市（青島）　宮崎層群青島層（新第三紀中新世の後期から鮮新世の前期、およそ600万年～500万年前）

写真2-7　堀切峠からの鬼の洗濯岩
青島の南、堀切峠からは海岸に沿って広がる鬼の洗濯岩を見下ろすことができる。
ここは絶好のビューポイントである。

ことがあります。**写真2-8**です。まるで定規で引いたかのような、一直線のシマシマがたくさん走っていますね。その一方で、川に沿ってこの露頭をずっと見ていくと、**写真2-9**のように地層が曲がっているところに出くわします。海底地すべりによって曲がったものと考えられます。美しい地層は、思いのほか厳しい環境で堆積したのかもしれません。これは埼玉県秩父市で見られる、秩父盆地層群の小鹿野町（おがのまち）層で、その時代は新第三紀中新世の前期から中期（およそ1600万年前）とされています。

河川沿いでは、なかなか興味深い露頭を見ることもあります。**写真2-10**をご覧ください。川の水が地層に沿って流れた後、ちょっとした滝になっていて、とても印象的な風景です。地層の傾斜は60°くらいになります。流れ落ちる前

写真2-8　シマシマの地層 その4

砂岩層と泥岩層が交互に積み重なった地層が高さ30mほどの大きな露頭で見られる。
定規で引いたかのような層理が美しい。ここは「取方の大露頭」として知られる。

埼玉県秩父市　秩父盆地層群小鹿野町層（新第三紀中新世の前期から中期、およそ1600万年前）

写真2-10　シマシマの地層 その5
川が地層の層理面に沿って流れている。侵食が進み、河床が“河川版鬼の洗濯岩”となっている。
ここは「千鳥ヶ滝」と呼ばれる北海道の景勝地である。
北海道夕張市　川端層（新第三紀中新世の中期から後期、およそ1500万年～1000万年前）

の河床には、侵食されやすい地層とそうでないものが交互に見られ、これはいってみれば“河川版鬼の洗濯岩”でしょう。ここは北海道夕張市。地層は川端層で、その時代は新第三紀中新世の中期から後期（およそ1500万年～1000万年前）とされています。

ところで、これまでの説明では、地層の「**傾斜**」という語をさりげなく使ってきました。実はこの言葉、地層にかかわるとても重要な用語です。これについては、地層の「**走向**」とともに、**地層こぼれ話3**で説明しています。参考にしてください。

写真2-9　曲がった地層
整然と重なった地層が海底地すべりで曲げられたものとみられる。

砂と泥の層が交互に繰り返される地層

以上で紹介した地層には共通点があります。まず、砂岩層と泥岩層が互いにリズミカルに積み重なっていることです。このような地層を「**砂岩泥岩互層**」と呼びます。そして、海岸や河川などでは、侵食されやすい泥岩の部分は凹み、写真2-6や写真2-10などのように、いわゆる鬼の洗濯岩になります。泥岩が凹んでいる状況は、**写真2-11**に示した、宮崎市の青島の例を見れば一目瞭然でしょう。写真中央の、明るいグレーを呈する泥岩層に細かな割れ目が入り、侵食されて凹んでいます。

さて、もう一つの共通点は、このような地層には貝類などの大型の化石があまり含まれていないことです。したがって、化石採集を趣味とする人から見れ

写真2-11　砂岩泥岩互層
写真2-6付近の砂岩泥岩互層に近づいて撮影したもの。泥岩層の部分が侵食されているようすがわかる。砂岩泥岩互層では、通常はこのように泥岩層の方が凹んでいる。

ば、どちらかといえば食指が動かない地層でしょう。もっとも、このタイプの地層には、写真2-5のような生痕化石はときどき見られます。

砂岩泥岩互層のでき方の謎

では、このタイプの砂岩泥岩互層は、どのようなところで堆積したのでしょうか。あるいはどのようにしてできたのでしょうか。礫岩や砂岩、泥岩は、礫・砂・泥といった「**砕屑物**（さいせつぶつ）」が固まったもので「**砕屑岩**」と呼ばれます。砕屑岩の地層は、砕屑物が水流や風によって運ばれてきて、例えば**図2-1**のように、海などで堆積してできると考えられます。このとき、砂岩泥岩互層に対して、この図が説く地層のでき方をそのまま適用してしまえば、浅い海のときに砂が堆積し、その後いきなり海底が深くなって泥が、さらに突然浅くなってまた砂が堆積……と、海底の隆起と沈下を延々と繰り返してできたことになるでしょう。しかし、このような状況はなかなか想像しがたいですね。特に写真2-3のような、とても細かな互層のでき方をこれで説明するのは、非常に困難でしょう。

ということで、図2-1で示した地層のでき方は、大局的にはまあまあいいのですが*、これまで見てきた砂岩泥岩互層を説明するにはちょっと無理があり

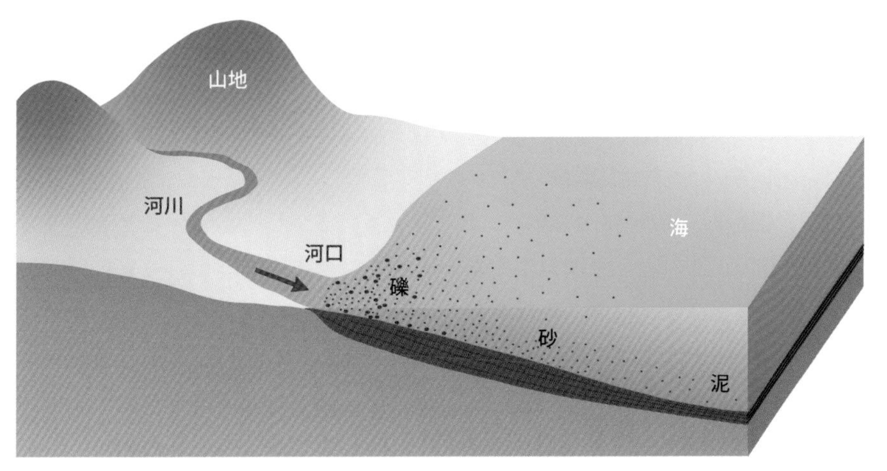

図2-1　地層のでき方
河口や海岸付近は主に礫、浅海では砂、沖合では泥が堆積して、地層ができるようすを描いたものである。大きく見れば、このような傾向になると考えられる。

そうです。では、どのようにして、これらの地層はできたのでしょうか。

歴史をひもとくと、この問題が解明されたのは、20世紀半ばのことで、それほど古くはありません。ちょうどこのころ、野外調査などによって地層に関する知見が増え、また海底の調査あるいは堆積に関する実験も進展したことで、この問題の解明につながりました。

実は「**混濁流**」という、あまり聞き慣れない現象によって、このような地層ができることがわかったのです。

★河口付近には礫だけではなく砂や、場所によっては泥も溜まります。また、浅い海でも泥は堆積するでしょう。図2-1で示した堆積物の種別は、大まかに見た場合の傾向と考えた方がいいものです。

砂と泥の混濁物が海底斜面を流れ下る

突然ですが、ここで次のようなことをイメージしてみましょう。細かな砂混じりの濃い泥水を水中に投入したとします。このとき、この砂混じりの泥水（混濁物）はまわりの水に比べてかなり重い（密度が高い）ものです。したがって、重力の作用によって、これは水中で急速に沈んでいきます。

以上のことを海底で考えてみましょう。なお、これから説明する内容は、**図2-2**のように描けます。随時、参照してください。

堆積物の溜まる海底は、一般に沖合へ向かってどんどん深くなっていきます。したがって、海底面は全体的には深い方へ傾いていることになります。このような傾いた海底面（斜面）において、すでに堆積している砂や泥が、例えば大きな地震で揺すられると、ズズッとすべるか崩れるかしてしまうこともあるでしょう。もし、このような現象がかなり大規模に起これば、相当な量の砂や泥が水中に舞い上がり、混濁した状態になります（図2-2a、b）。そして、前述のごとく、重力の作用でこの混濁物は斜面に沿って低い方（深い方）へ流れ下ります。斜面が続くか急になれば、混濁物の流れ下るスピードは徐々に上がっていくことでしょう（図2-2c）。前述の混濁流とは、このような砂や泥の混濁物の流れのことをいいます。

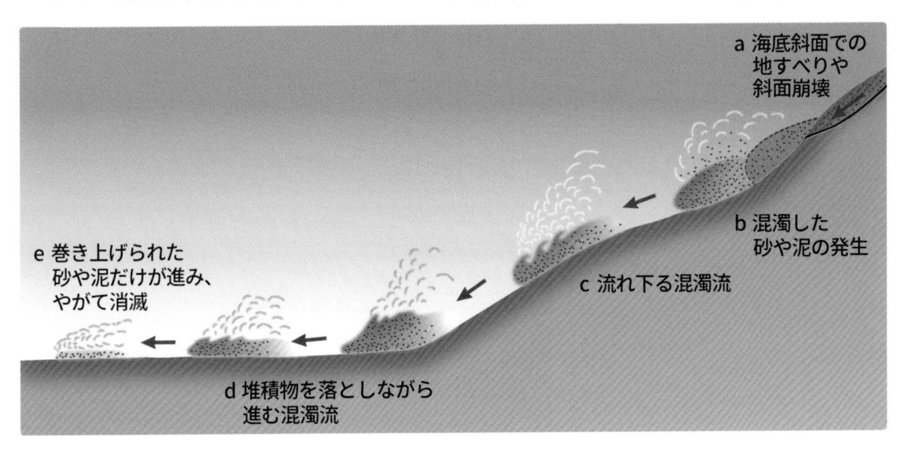

図2-2　混濁流の発生と消滅

参考文献[59]を参考にして描いたもの

混濁流の堆積物とは？

当然のことですが、海底はどこまでも傾斜が続くわけはなく、いずれとても緩やか、ないしはほぼ平坦になります。このようになれば、混濁流のスピードは落ち、大量に流れてきた砂や泥は勢いをなくして順次海底に堆積していきます（図2-2d）。

ここで混濁流を、砂や泥の堆積という観点から見てみましょう。地（海底面）を這う砂の流れのような非常に重たい混濁流がドドドッと来ると、通過するときに、まずは一部の砂を落として積もらせます。続いて、混濁流で巻き上げられていた細かい砂が流れのなかで積もります。そして最後に泥が舞い降りるといった感じになるでしょう。この結果、簡単にいえば、下位に砂、上位へいくほど細粒化して最後は泥になるといった、一枚の堆積物ができあがることになります。

本体の混濁流はやがて減衰・停止し、巻き上げられた細かな砂や泥だけが進むようになって（図2-2e）、いずれ消滅します。そして、このような堆積物が広がった深い海底では、次の混濁流が来るまで、静かにごく少しずつ泥が降り積もり続けます。

混濁流は、斜面で大きく加速する場合があり、相当な距離（数百km程度）を流れることもあるようです。また、混濁流の速さは、時には時速数十kmくらいに達することがあるとされています。しかし、混濁流は、たまたま何かのきっかけで海底で発生する現象のため、直接それを観察することは難しく、詳しい実態については未解明なところがあるようです。

ここで、重要なキーワードを紹介しましょう。「**タービダイト**」です。その意味はズバリ、混濁流で運ばれてきた堆積物。混濁流は同じところで繰り返されることが多く、その結果、これらの堆積物はどんどんと積み重なっていきます。また、混濁流は、浅いところにあった堆積物をあっという間に、より深い海の底まで運び込んでしまいます。このようなタービダイトが堆積していく、具体的な場所（深い海底）については、第5話でもう少し詳しく説明しましょう。

写真2-12　タービダイト起源の地層（砂岩泥岩互層）
写真の中段から下段に砂岩層（白っぽいグレーの層）、上段に凹んだ泥岩層（青みがかったグレーの層）が見える。写真の一番下には下位の泥岩層、一番上には上位の砂岩層がわずかに写っている。これらはタービダイト起源の地層とみられる。砂岩層がそれほど厚くないため、図2-2のeに示す、巻き上げられた砂や泥の堆積によってできた地層かもしれない。いずれにしても、混濁流がきて、流速の速い段階で砂岩層の下〜中部、やや遅くなってその上部が堆積し、最後に泥が降り積もったとみられる。なお、砂岩層中に見られる線状のもの（葉理）については、第6話で説明する。
宮崎県日南市　日南層群（古第三紀漸新世の後期から新第三紀中新世の前期、およそ2千数百万年〜2000万年前）

混濁流の繰り返しでできた砂岩泥岩互層

これまでのことを地層として見てみましょう。1回の混濁流で、下位に砂の層、上方にいくにしたがって砂は細粒化し、一番上に泥の層ができます。タービダイトはこのような堆積物です。やがてこれは、下位に砂岩層、上位に泥岩層という地層になります(**写真2-12**)。そして、混濁流が繰り返すことで、一連のタービダイトは砂岩泥岩互層の形になるでしょう。つまり、第2話のタイトルである「美しい地層」ができあがるのです。なお、タービダイト起源の地層を単にタービダイトと呼ぶこともあるようです。

このような地層には、保存状態のよい、貝類などの大型の化石はあまり見られません。タービダイトは、混濁流の堆積物ですので、大型の化石となるものはほとんど含まれていないのでしょう。せいぜい貝殻や材(木の木質部分)などの一部が紛れ込んでいるくらいでしょうか。ただし、砂岩層の底面には、写真2-5あるいは**写真2-13**のような生痕化石を見ることはあります。これらは、あ

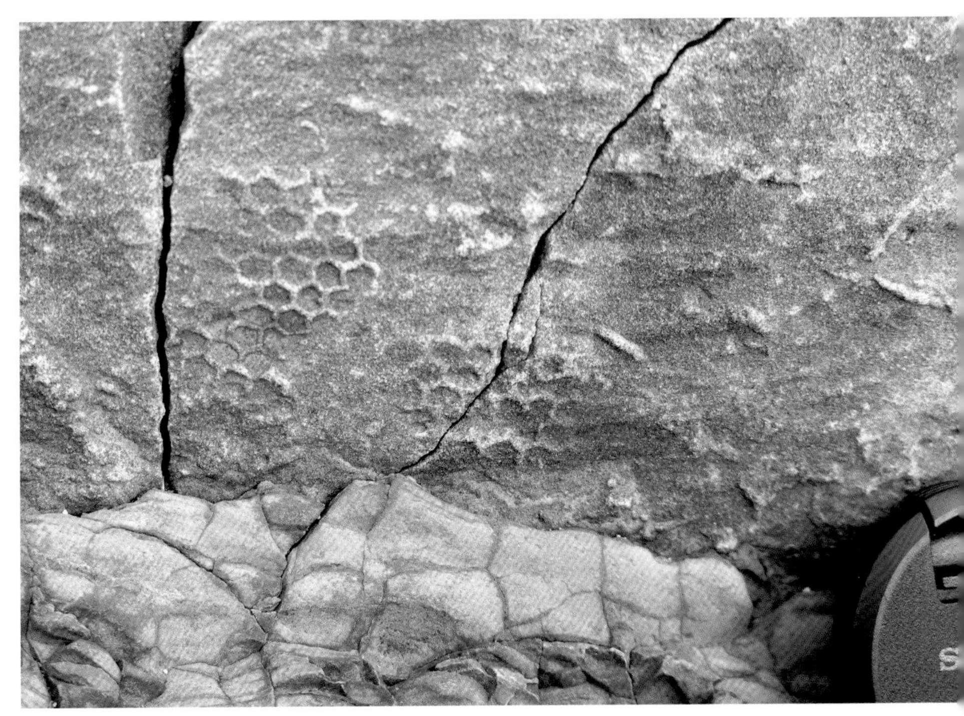

写真2-13　砂岩層の底面に見られた生痕化石
パレオディクチオン(Paleodictyon)とみられる、六角形が蜂の巣のように並んだ生痕化石であり、写真2-12の砂岩層の底面に見られた。これは海底面またはその直下につくられた、ある種の原生動物によるネットワーク状の棲管、あるいはこの生痕の主がバクテリアを共生させて栄養を得るための構造物と考えられている。

る1回の混濁流とその次の混濁流がくる間に、海底面やその下で活動していた生物の痕跡なのです。

混濁流はさまざまな原因で発生する

さて、混濁流が発生する原因は、まず前述のように、大地震で揺すられて海底の堆積物がズズッとすべるか崩れるといったことに求められるでしょう。海底での調査などから、あの2011年東日本大震災を引き起こした巨大地震の時にも混濁流が発生したとみられています*。このため、タービダイトから過去の大地震を知る試み、例えばタービダイトの枚数などから混濁流の発生頻度を推定して、大地震の発生間隔を考察するといった研究も行われています。

その一方で、最近では、悪天候による強い波浪、あるいは河川の洪水による海への堆積物の急激な流入といったことも、海底で混濁流を発生させる原因になることがわかってきました。また、何のきっかけもなく起こる場合もあるようです。ということで、今では多様な原因で混濁流が発生するとみられています。

タービダイト起源の美しい地層には、混濁流という激しい裏の顔があり、さらには大地震や暴風雨などとも関係しているという恐ろしいつながりもあるのです。「美しさの裏には激しさ・恐ろしさあり」。こんなことも地層は教えてくれます。

★ このときの大津波によって浮遊した堆積物が混濁流となって、海底斜面を流れ下る現象もあったようです。

地層こぼれ話 3

地層の走向と傾斜、そして地下水の謎

地層の姿勢を表す「走向」と「傾斜」

ここでは地層の走向と傾斜について、ビジュアルで説明しましょう。その後で、関連する興味深い話題を紹介します。

層理面という用語からもわかるように、地層は面として広がっていきます。「走向」と「傾斜」は、立体的に見たときの地層の広がり方、いってみれば“地層の姿勢”を表現するものなのです。

写真2-14をご覧ください。層理面と水平面（写真では海面）が交わるところは、直線になりますね（写真2-14の赤い両矢印）。この直線の方向*が走向です。この写真からわかるように、走向は地層が面として延びていく方向を示しています。

地層の傾斜は、水平面と層理面がなす角度です。傾いた層理面にボールを置けば、コロコロと転がり落ちるでしょう。このときの転がっていく方向の傾き具合が地層の傾斜なのです（写真2-14で赤線がつくる角度）。

水平面を基準にして、地層がどの方向に延び（走向）、どれだけ傾いているのか（傾斜）を示してあげれば、地層の姿勢は唯一に決まります。

写真2-14　走向と傾斜
地層は写真2-1と同じである。

★ 正確には方位、つまり南北方向を基準として、どう向くかを示したものです。

水平に見える地層が実は傾いている？

写真2-15をご覧ください。砂岩層と泥岩層が互いにリズミカルに積み重なっている地層です。地下水のしみ出しで露頭はちょっと湿っているものの、ほぼ水平で明瞭な層理が見えます。実はこの地層、写真の手前の方向に傾いているのです。どういうことでしょうか。

写真2-15
水平に見える地層
砂岩層と泥岩層が交互に積み重なった地層である。ここでは泥岩層の方がかなり厚い。地下水がしみ出しているため、露頭は湿っている。
千葉県大多喜町　上総層群大田代層（第四紀更新世の前期、およそ100万年前）

図2-3　**露頭の向きと層理の見え方**
傾いた地層も、露頭の向きが走向と平行な場合、地層は水平に見える。

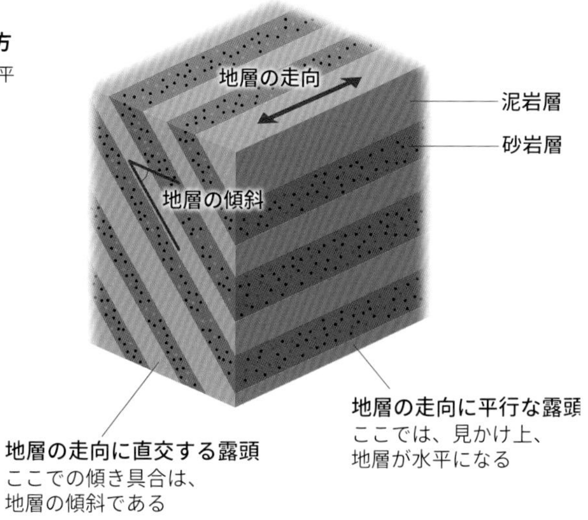

図2-3をご覧ください。これは模式的な地層を使って、露頭の向きと層理の見え方を示したものです。この図から、露頭の向きが地層の走向と平行な場合、見かけ上、水平な層に見えることがわかります。また、露頭の向きが地層の走向と直交する場合、そこでの傾き具合は地層の傾斜と同じになります。写真2-15の露頭の向きは、地層の走向と平行に近いため、層理はほぼ水平に見えていたのです。

地層がわかると地下水の謎も見えてくる

写真2-15の露頭については、興味深いことがまだあります。地下水のしみ出しです。前述のように、この露頭は地下水のしみ出しで湿っています。なぜでしょうか。

地層の傾斜を知れば、地下水の流れ方がわかり、露頭でしみ出す理由も理解できます。**図2-4**は、この付近の地層の傾斜と地下水の流れを模式的に示したものです。この図から、地下水は、それを通しやすい傾斜した砂岩層を流れ下って、露頭からしみ出すことがわかります。また、この図のように、その真向かいに露頭があれば、そこではしみ出さないでしょう。実際、写真2-15の真

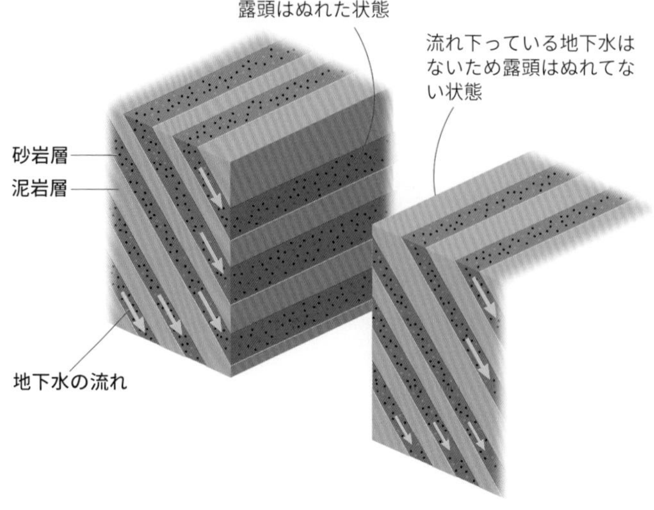

図2-4　地下水の流れ
ここの砂岩層は十分固結していないため、地下水をよく通す。地下水がしみ出せば、雨天でなくとも露頭はぬれている。

向かいには露頭があり、**写真2-16**のように、ここでは地下水がしみ出さず乾いています。

この露頭の場所は、千葉県大多喜町。地層は上総層群の大田代（おおただい）層といい、その時代は第四紀更新世の前半（およそ100万年前）とされています。この地層は、それほど古い年代のものではなく、岩石の固結があまり進んでいないためか、砂岩層はまだまだゆるく、逆に泥岩の方がしまって固くなっています。この結果、**写真2-17**のように泥岩層（表面がノッペリとした方）が出っ張ることになります。砂岩層と泥岩層が相互に積み重なった地層（砂岩泥岩互層）の場合、一般に泥岩層の方が侵食を受けやすく凹みますが（例えば写真2-11）、ここでは逆になっているのです。地層って、おもしろいですね。

写真2-16　湿った露頭と乾いた露頭
写真の左側が写真2-15の露頭であり、表面が湿っていることがわかる。写真の右側はその真向かいの露頭であり、表面は乾燥している。両者のようすは対照的であり、地層のおもしろさを感じる。

写真2-17
出っ張っている泥岩層
写真2-15の露頭に近づいて撮影したもの。黄土色で表面がノッペリとした方が泥岩層。ここでは砂岩層（暗色で表面がザラザラとした層）の固結が十分ではなく侵食されている。

第3話
地層に残る意外な痕跡

バウンドした石が泥面に残す「えぐり跡」

雨上がりの空き地。泥地が広がり、ところどころに水たまりが見られます。この泥地に向かって、こぶし大の石をサイドスローで低く投げると、大きくワンバウンドして、その先で転がりストップ。バウンドしたところには、**写真3-1**に示す、えぐられた跡が泥面にくっきりと残ります。

ここで、犯罪捜査で足跡（靴跡）を扱うかのごとく、そのえぐり跡（バウンド跡）を囲って石コウを流し込めば、どうなるでしょうか。もちろん、写真3-1の凸凹を反転させた型（かた）が得られます。

とても興味深いことに地層には、岩片や泥塊などの物体が水中を流されてきて水底でバウンドした跡が残されていることがあります。しかも、この跡は凸凹を反転させた型になっているのです。

地層中でえぐり跡が“型どり”される

具体的に説明しましょう。例えば、タービダイトが繰り返して堆積している場を考えます。そのようなところでは1回の混濁流が流れてきた後には、泥が降り積もって海底面に広がっています。ちょうど、上述した空き地の泥地のような感じでしょうか。そこに再び混濁流が来るとともに、ちょっとした大きさの岩片ないしは泥塊も流れてきました。そして、これが海底の泥面にぶつかって飛び去り、写真3-1のような跡を残す、と同時に砂が堆積して、えぐられた跡もろともタービダイトで覆われる……。こんなことが起こったとしましょう。

やがてタービダイトの砂や泥は砂岩泥岩互層になり、そして隆起して陸上で侵食を受ければ、シマシマの露頭として見ることができます。十分に固まった砂岩泥岩互層であれば、泥岩層は写真2-11（34ページ）のごとく劣化して剥落しやすいため、砂岩層の方が出っ張ることになります。つまり、砂岩層の底面

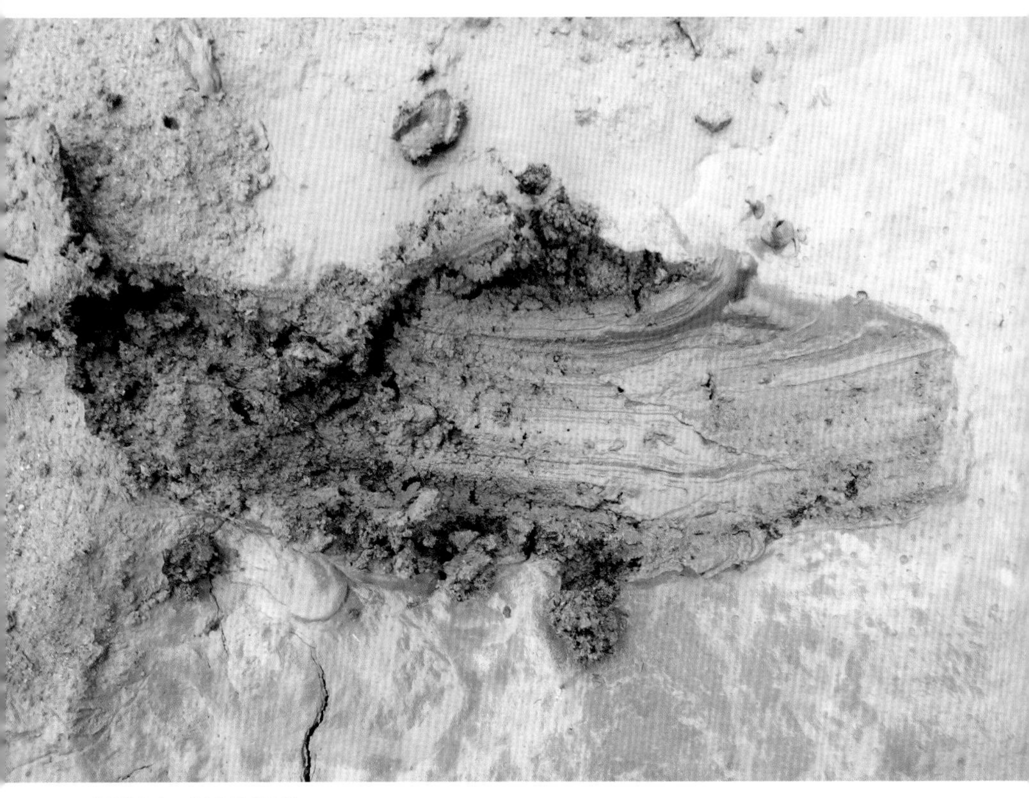

写真3-1　石のえぐり跡(バウンド跡)
こぶし大の石が写真の右側から飛んできて、バウンドして左側へ飛び去った。えぐり跡（バウンド跡）の左側には削られた泥の破片（塊）が残っている。もし水流のなかであれば、削られた破片（塊）の多くは流されてしまうだろう。

（下面）をのぞき込めるようになるのです。もし失われた泥岩層の上面に流れてきた物体によるえぐり跡があったら、何が起きるでしょうか。きっと、残った砂岩層の底面には、その跡の型が凸凹を反転させた突起物として残っていることでしょう。

地層に残るえぐり跡の実例

砂岩層の底面に見られるえぐり跡の実例をご紹介しましょう。

写真3-2をご覧ください。これが地層に残る、凸凹を反転させたえぐり跡です。

写真3-2　プロッドキャスト
写真の右方向から岩塊のような物体が水中を飛んできて、ここでバウンドし、左へ流れ去ったとみられる。プロッドキャストの長さは20〜30cmほど。

この跡は長さにして、20〜30cmくらいになります。写真3-1と比較しながら見れば、写真3-2の右手から岩塊のような物体が水中を流れてきて泥の海底面へ斜めに激突し、泥をえぐるとともに急角度で跳ね上がって流れ去った、というようなことがイメージできるでしょう。

この場合、凸凹を反転させたえぐり跡の形状は、上流側から下流側へ徐々に高まり、そして最後に急傾斜で落ちるという、非対称な形になります。専門的には、このような反転したえぐり跡を「**プロッドキャスト**」といいます。プロッド（prod）とは突き刺すという意味です。また、ここでのキャスト（cast）は鋳型を意味します*。

このプロッドキャストの近傍では、似たような大きさの細長い凸部が見られます（**写真3-3**）。しかし、これをよく観察すると、その形は上流側から下流側へ、徐々に高まり、そして徐々に低くなるような対称的な形をしています。プロッ

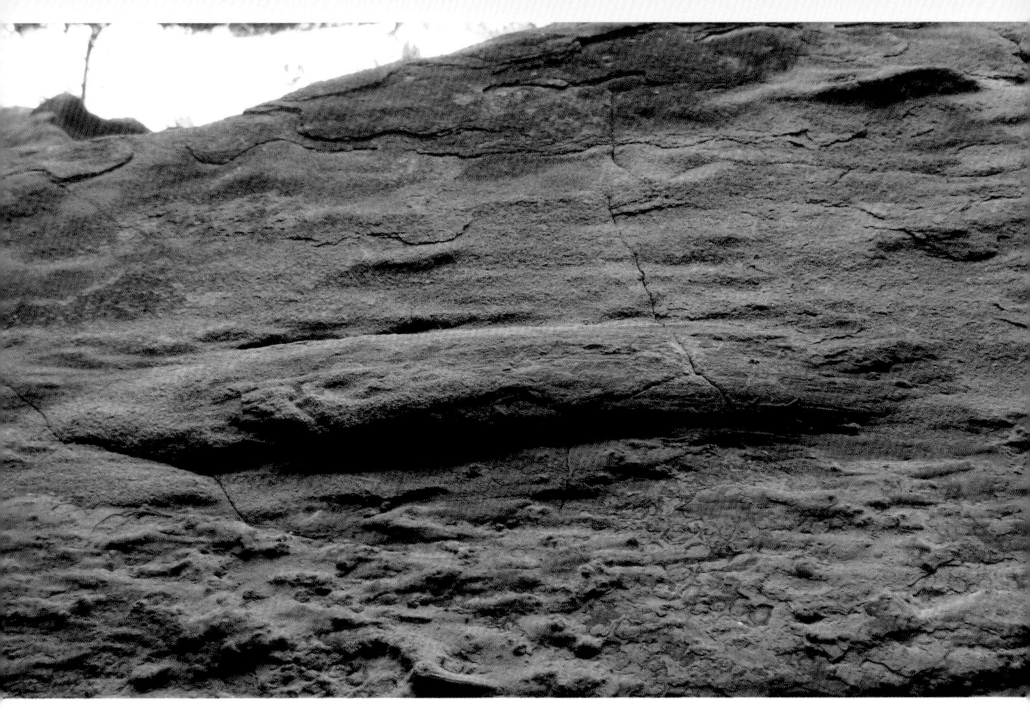

写真3-3　バウンスキャスト
写真の右方向から岩塊のような物体が水中を飛んできて、
ここで接触するように浅くバウンドして左へ流れ去ったとみられる。

ドキャストと比べて浅い角度で接触するように、物体が海底面と衝突すれば、このような形状を呈するとみられ、これは「**バウンスキャスト**」と呼ばれます。ただし、写真のものは海底面をかなりえぐっていて、また対称性も少しだけ低いようですので、プロッドキャストの要素がそこそこ入っているのかもしれません。

写真3-4は、やや離れた位置から、これらの2つのキャストを写したものです。この写真から両キャストは、砂岩泥岩互層での、庇（ひさし）のように大きく突き出た砂岩層の底面にあることがわかるでしょう。これを見ていると、砂岩層の底面は、過去のある瞬間についてそのまま保存したものであることを実感できませんか。ただし、凸凹の反転した世界ですが。

この露頭の場所は、埼玉県秩父市。地層は秩父盆地層群の小鹿野町層で、その時代は新第三紀中新世の前期から中期（およそ1600万年前）とされています。

写真3-4　砂岩層の底面
写真の中央やや上に写真3-3のキャスト、その右上に写真3-2のキャストが見える。
ここは、砂岩泥岩互層において砂岩層が大きく張り出した露頭である。
埼玉県秩父市　秩父盆地層群小鹿野町層（新第三紀中新世の前期から中期、およそ1600万年前）

現在では秩父盆地は、関東山地の狭間にあります。しかし、1600万年くらい前、そこには深い海が広がっていました。ここで紹介したプロッドキャストやバウンスキャストは、かつてあった深海底への土砂の流れ込みを物語る痕跡なのです。

★凸凹を反転させる前、つまり海底にあった凹みの方をプロッドマークといいます。

「引きずり跡」も地層に残っている

プロッドキャストやバウンスキャストは、砂岩層の底面に残る、いわば物体の跳ね跡に起因するものです。ところで、流される物体には、跳ねるだけではなく、ズズズーッと、引きずり動かされるものもあることでしょう。実は、このような跡も砂岩層の底面には残されています。水流で物体が引きずり動かされるわけですから、泥の海底面には長い長い溝が刻まれていくことになります。

したがって、凸凹を反転させた世界である砂岩層の底面では、細く長い高まりがずっと伸びていくことでしょう。このようなものを「**グルーブキャスト**」といいます。

グルーブキャストの現物をお目にかけましょう。取り上げる地層は、前話で“河川版鬼の洗濯岩”と紹介した、川端層（写真2-10、33ページ）です。**写真3-5**をご覧ください。タービダイト起源とみられる砂岩泥岩互層の露頭です。出っ張っている層は、もちろん砂岩。その底面をのぞき込めそうですね。早速、露頭に取り付いて底面を見ていくと……ありました。**写真3-6**です。同じ方向を向いた、何本かの細長い高まりが定規で引いたかのごとく伸びています。これがグルーブキャストです。グルーブキャストの幅や高さはまちまちで、それを

写真3-5　砂岩泥岩互層の露頭
砂岩層がやや厚い砂岩泥岩互層である。沢沿いの露頭。
北海道栗山町　川端層（新第三紀中新世の中期から後期、およそ1500万年～1000万年前）

付けた物体の大きさや形によります。もちろん、物体は海底面上でグルーブキャストの方向に引きずられました。でも、これだけでは物体がどちらの向きへ動いたのかはわかりませんね。グルーブキャストの末端に物体が残っていることもあるそうですが、そのような事例はまれなためか、筆者はまだ見たことがありません。グルーブキャストだけでは水流の向きはわからないことが多いようです。

次に、別の露頭にあるもっとスケールが大きく、見ごたえのあるグルーブキャストをご紹介しましょう。**写真3-7**は岩壁のように見えますが、実は砂岩層の底面です。いろいろな幅で直線的に伸びる高まりがグルーブキャストで、

写真3-6　砂岩層底面のグルーブキャスト
砂岩層の底面に見える細い線状の出っ張りがグルーブキャストである。

写真3-7　グループキャスト
この露頭では、グループキャストのほか、
バウンスキャストも見られる。
埼玉県小鹿野町　山中層群三山層（白亜紀の前期から後期、およそ1億年前）

“岩壁”一面に走りまくってますね。数多く見られるグループキャストは、写真の左上から右下の方向へ伸びています。ただし、伸びている方向には多少のばらつきがあります。

写真3-8は幅広のグループキャストの部分を拡大したものです。この

写真3-8　グループキャスト（拡大）
グループキャスト上で、いくつかの細い筋が走っている。

キャスト上では、いくつかの細い筋がグルーブキャストの伸びる方向に走っています。引きずられた物体にあった細かな凹凸によってできた長いひっかき傷（の凸凹が反転したもの）とみられます。

ところで、この露頭に近づき、横を見ると、**写真3-9**のような光景が目に入ります。そこには層理が見えて、“岩壁”はほぼ直立した地層であることが実感できるでしょう。そして、この写真で黒っぽく写っている層は泥岩（頁岩）です。このようすから、地層が砂岩泥岩互層ということもわかります。また、地層の層理面に沿って、這うように太い木の根が伸びているのが見えます。このような根っこが比較的風化しやすい泥岩層に入り込んだことも一因となって、地層をはがし、写真3-7の“すばらしい岩壁”をつくったのかもしれませんね。露頭を

写真3-9
ほぼ直立した地層
写真3-7の露頭に近づき、右側を向いて撮影したもの。薄褐色の層は砂岩、黒っぽいものは泥岩（頁岩）であり、砂岩泥岩互層であることがわかる。

目の前にしたとき、近づいたり遠ざかったり、あるいは横を向いたりすると、いろいろなことが見えてくるでしょう。

この露頭の場所は埼玉県小鹿野町。秩父盆地の西方になります。地層は山中層群の三山(さんやま)層で、その時代は白亜紀の前期から後期（およそ1億年前）とみられます。三山層に数多く見られる、グルーブキャストやほかのキャストを使って、当時の水流のようすを復元する試みもなされています。

水流そのものも海底面をえぐる

プロッドキャストでは、水流の「方向」だけでなく、その非対称な形状から水流の「向き」も推定することができました。一方、バウンスキャストやグルーブキャストからは水流の方向を知ることができますが、その向きはなかなかわからないでしょう。では、水流の方向と同時に向きもわかる手がかりは、ほかにないのかと問われれば、答えは「ある」となります。

これまで紹介したものは、堆積時に物体が海底面の泥に付けた跡でした。その一方で実は、砂などを運ぶ水流で生じる渦も海底面をえぐるのです。この場合、上流側は渦によって深く掘り下げられ、下流にいくにつれて、浅く掘られるようになります。したがって、これを反転させた世界、つまりキャストでは、流れの上流側に凸部の最高点があり、下流に向けて徐々に低くなっていきます。このようなものを「**フルートキャスト**」といいます。その形状や水流がえぐった感じについては、上述のようにくどくどと説明するより現物を見ていただいた方がよくわかるでしょう。

写真3-10がフルートキャストの例です。砂岩層の底面に長さ10cmくらいまでのフルートキャストが散在しています。これらの形から、写真の右から左方向への水流があったと推定されます。このように、フルートキャストがあれば、水流の方向と同時に向きもわかるのです。

予想外に形がおもしろい、地層に残る水流の跡

さて、このフルートキャスト。場合によっては、目を引くようなすばらしい、というかおもしろいものが見られることがあります。とても密に群れたり、も

う少し丸みを帯びたり、逆に流れ星のように細く薄かったり、果てはヘンテコな装飾を付けたりするものまであるのです。

写真3-11は厚い砂岩層の露頭です。その底面をのぞいたものが**写真3-12**になります。魚の大群のごとくフルートキャストが群れていますね。この露頭をさらに見ていくと、クルクルとカールした装飾(?)がちょっとかわいいフルー

写真3-10
散在するフルートキャスト
泥岩層がはがれ落ちたことによって砂岩層の底面が露出し、そこにフルートキャストが点々と見える。フルートキャストの形状から、写真の右から左方向への水流があったとみられる。
宮崎県日南市　日南層群（古第三紀漸新世から中新世前期、およそ3000万年〜2000万年前）

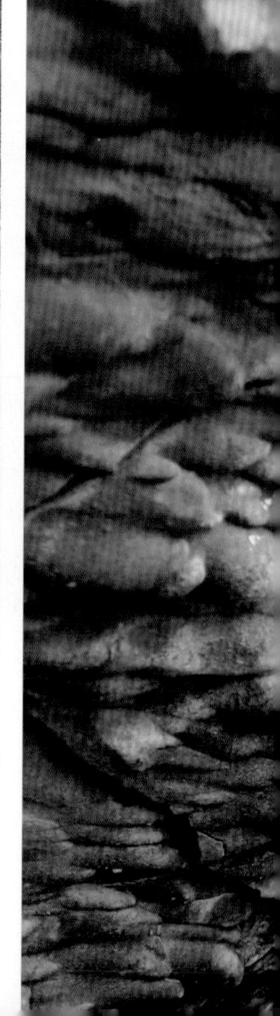

◀写真 3-11
厚い砂岩層
場所と地層については写真3-10と同じである。この厚い砂岩層の底面は“フルートキャスト・パラダイス”になっている。

▼写真 3-12
群れたフルートキャスト
フルートキャストがたくさんありすぎて圧倒される。水流の向きは、写真の右から左（写真奥から手前の方向）になる。

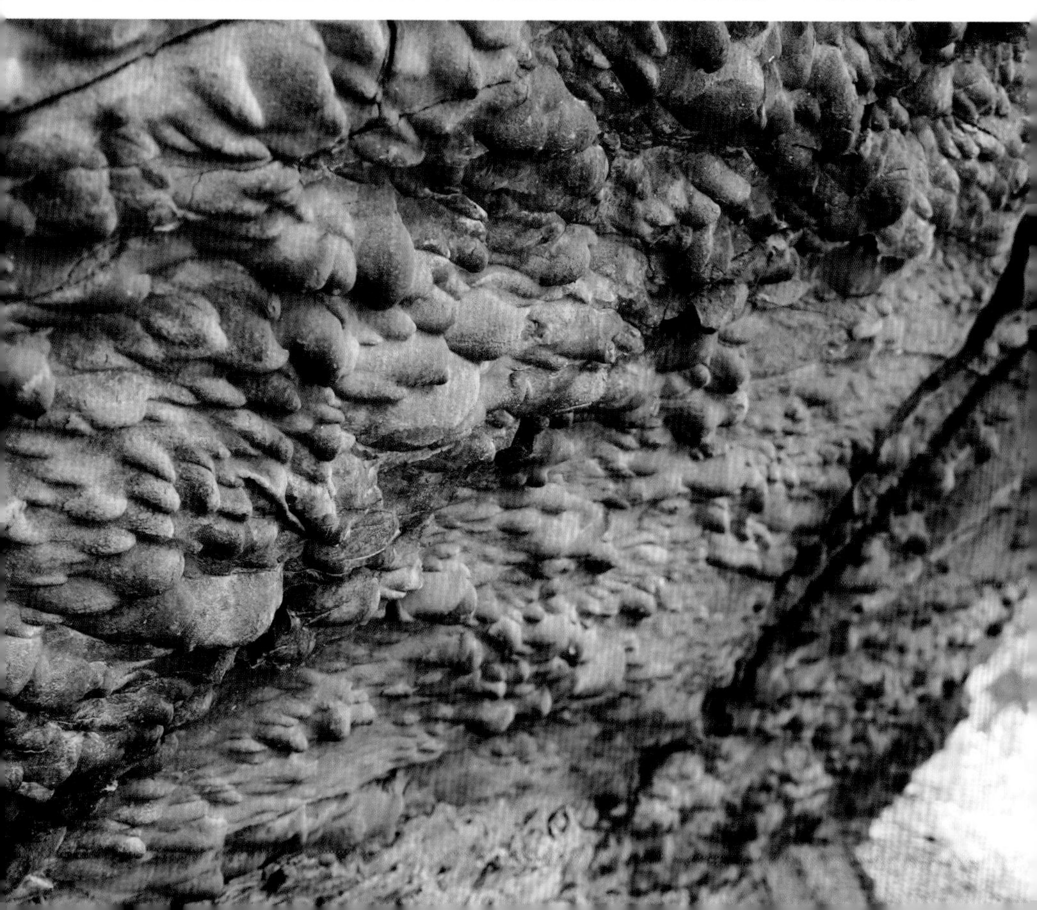

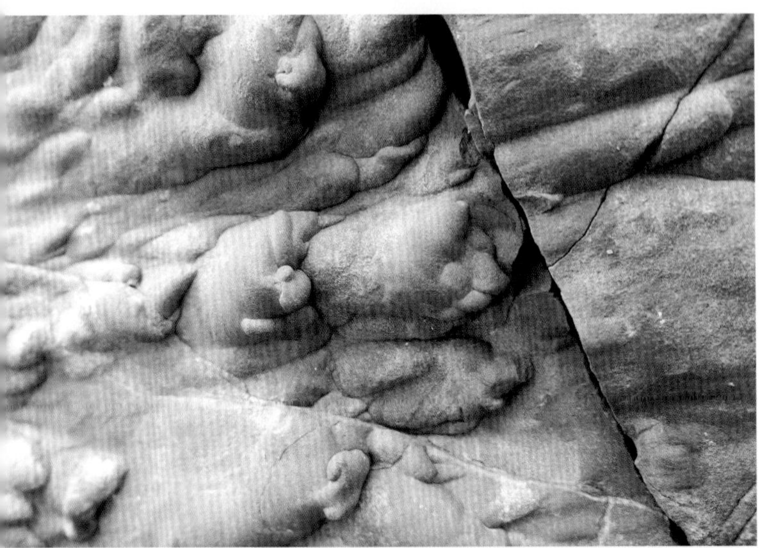

写真 3-13
装飾付き(?)フルートキャスト
水流の渦が作り上げる“繊細な芸術品”と呼べるかもしれない。

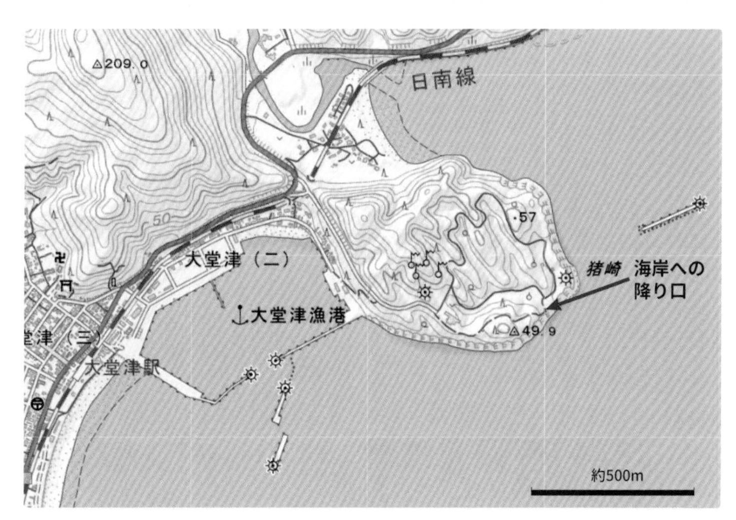

図3-1　猪崎付近と海岸への降り口の場所
地理院地図（https://maps.gsi.go.jp）で標準地図と陰影起伏図を合成して作成したもの

トキャストもありました（**写真3-13**）。**写真3-14**はどうでしょうか。一面にびっちりとフルートキャストが付いています。なかにはくねくねと曲がったようなものもありますね。これは、大きな転石の表面に見られたものです。水流の渦は、時に芸術的なえぐり跡を残すようです。

これらの露頭や転石が見られる場所は、宮崎県日南市。猪崎付近の海岸です（**図3-1**）。地層は日南層群で、時代は古第三紀漸新世から中新世前期（およそ3000万年～2000万年前）とされています。ここでは、いろいろなキャストや珍しい生痕化石が見られますが、やはりフルートキャストは圧巻で、今や天然記念物に指定されています。海岸への降り口付近には、説明板も設置されていますので、これを参考にしながら見学するのもいいでしょう（**写真3-15**）。筆者おすすめの地層見学ポイントの一つです。

写真3-14　大きな転石に見られるフルートキャスト
場所と地層については写真3-10と同じである。層理面に沿うようにカメラを傾けて撮影したもの。

写真3-15　海岸への降り口付近
海岸への降り口付近には地層についての説明板が設置されている。

えぐり跡などの「底痕」は地球史の語り部

これまでに登場したキャストたちは、地層、特に砂岩層の底面に見られます。また、そこでは、生物の活動した跡である生痕化石も見られることがあります(写真2-5、29ページ)。これらのキャストや生痕化石は「**底痕**」と呼ばれます。ただし、生痕化石は地層の底面だけに見られるものではありません。地層(単層)のなかや上面に見られたりもします。

地層を読み解けば、何百万年も何千万年も前に起こった、水流で石ころが飛び跳ねたなどという小さな小さな出来事も、知ることができます。ごく小さな出来事ですが、そこからわかる水流の方向や向きといったことも考え合わせれば、堆積した当時の地形などを推定する重要な手がかりとなるでしょう。底痕は、いってみればヤボな地層クンの、ささやかなデコレーションですが、地球の歴史の大切な語り部でもあるのです。

地層こぼれ話 4

ある重大な“秘密”

地層の上下と時代の新旧の対応

地層の底痕は、地球の歴史の語り部になりました。一方で、底痕は地層を読み解く際、ほかの意味で重要な役割を果たすことがあります。ここでは、そのような例を紹介しましょう。

とても基本的なことですが、地層は堆積物が積み重なってつくられます。したがって、下位にある地層ほど古く、上位へいくほど新しくなります。地質学では、**「地層累重の法則」**と呼ばれ、学問の根底をなしています。

地層累重の法則の意義は「地層の上下」と「時代の新旧」という2つが対応しているところにあります。地球の歴史を考える上で、両者が正しく対応していることはとても重要です。というのも、もし地層の上下を間違えてしまえば、地層の時代関係を逆に読み取ってしまうからです。例えば、大きな地殻変動のため、地層の上下がひっくり返ってしまう（地層が逆転してしまう）ことがあります。このとき地層の逆転を見落とせば、致命的な誤りとなります。その一方で、もし地層の逆転がわかれば、地域の地質やその成り立ちを知る上で、重要な手がかりとなるでしょう。

野外調査をする場合、露頭での地層の上下判定は、まずやらなければならないことの一つなのです。

整然と重なる地層

写真3-16をご覧ください。川沿いに見られる、整然とした地層です。層理がはっきりしていますね。砂岩が優勢な砂岩泥岩互層で、おそらくタービダイトだったものでしょう。実はこの地層には、ある重大な“秘密”が隠されています。それは何か、わかりますか。

写真3-16において、注目すべきところは、一番下位にある砂岩層、写真では右端の方に見えている層で、特にその上面部分です。ここに丸みのある小さな突起が点在していますね。これらがよく見えるように写したものが**写真3-17**

です。侵食のためか、ちょっとくたびれた感はありますが、フルートキャスト の群れなのです。フルートキャストという底痕がこのように見えますので、こ の地層では底面が上を向いていることになります。つまり、露頭全体で見れば、 ここの地層は上下が逆転しているのです。これこそが重大な秘密なのでした。

ここの地層は、**図3-2**のように倒れ込むように大きく曲げられたとみられています。その結果、写真3-16の場所では地層の上下が逆転していたのです。何らかの力で、このように地層が変形し、曲げられた状態のことを「**褶曲**（しゅうきょく）」といいます。

なお、この地層についての詳しいことは、ちょっと専門的になりますが、参考文献[8]の8.8を参照してください。

写真3-16
重大な“秘密”が隠された露頭
川沿いで見られる砂岩優勢の砂岩泥岩互層である。写真右端の方にある地層の上面に注目してほしい。
静岡県島田市　三倉層群（古第三紀漸新世の後期から中新世の前期、およそ2500万年前）

写真3-17　ちょっとくたびれたフルートキャスト

写真3-16右端の方にある地層を写したもの。たくさんのフルートキャストが見える。フルートキャストの存在する面が地層（砂岩層）の底面であり、地層が逆転していることがわかる。川の水流のためか、フルートキャストは多少不鮮明になっている。

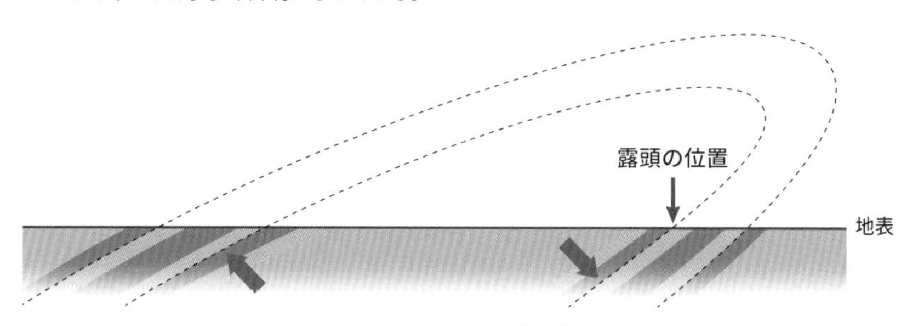

図3-2　倒れ込むように曲がった地層

写真3-16周辺の概略的な断面図である。
図のように地層が倒れ込むように大きく曲がれば、この露頭付近では地層の上下が逆転する。
参考文献[8]に基づいて、褶曲のイメージを描いたもの

第4話
“古代”アマモの正体は？

化石の謎を地層で解き明かす

少し趣を変えて、化石の話をしましょう。今回スポットライトを当てるのは、謎があって長い間“奇妙な化石”と称されてきた、興味深い事例です。実は、化石を含んでいる地層自体に謎解きの手がかりがあり、ようやく結論に至りました。化石は、地層とは切っても切れない関係にあるものなのです。

近畿から四国へ細長く分布する地層

和泉層群という白亜紀の後期に堆積した地層があります。これは、大阪府と

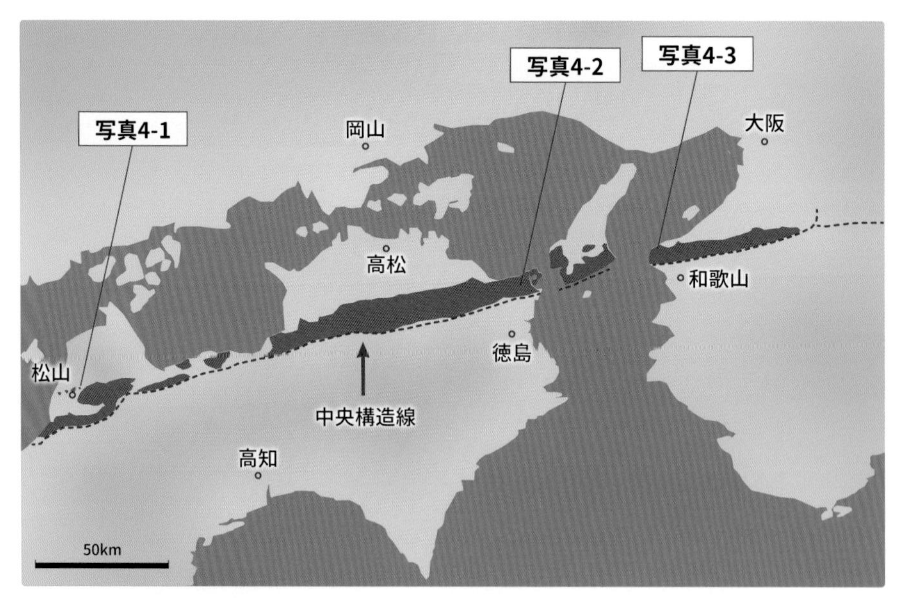

図4-1　和泉層群の分布図
グレーの部分が和泉層群の分布域。写真4-1～4-3の露頭の位置も示してある。
写真4-3の位置付近が大阪府岬町である。
地質図ナビ（https://gbank.gsj.jp/geonavi/）などを参考にして描いたもの

和歌山県の境に沿った和泉山脈から西へ、淡路島の南部、徳島県と香川県の境付近の讃岐山脈、そして愛媛県松山市付近へと細長く分布しています（**図4-1**）。その分布の幅（ほぼ南北方向の幅）は10〜15km、長さ（ほぼ東西方向の長さ）は約300kmにも及びます。和泉層群の南限は「**中央構造線**」と呼ばれる大きな断層に沿っています。また、その北限では白亜紀の花崗岩類などを覆っています（**写真4-1**）。

この和泉層群、北縁部などの泥岩や礫岩からは、アンモナイト類や貝類の化

写真4-1　和泉層群(礫岩層)**の露頭**

写真下半部の、ノッペリしたところが花崗岩（岩体）で、その上に和泉層群の礫岩がのっている。地下でのマグマの固結によって花崗岩が形成された後、侵食を受け、そこに礫岩が堆積したものとみられる。この礫岩の上には泥岩層があり、そこからイノセラムスなどの二枚貝類やアンモナイト類の化石が産出した。なお、下位の岩体、上位の地層とも白亜紀後期のものであり、地質学的なタイムスケールで見れば、両者の時間的な隔たりはあまり大きくない。

愛媛県松山市

下位の岩体：花崗岩類（白亜紀の後期、およそ1億年〜8千数百万年前）
上位の地層：和泉層群黒滝層（白亜紀の後期、およそ8000万年前）

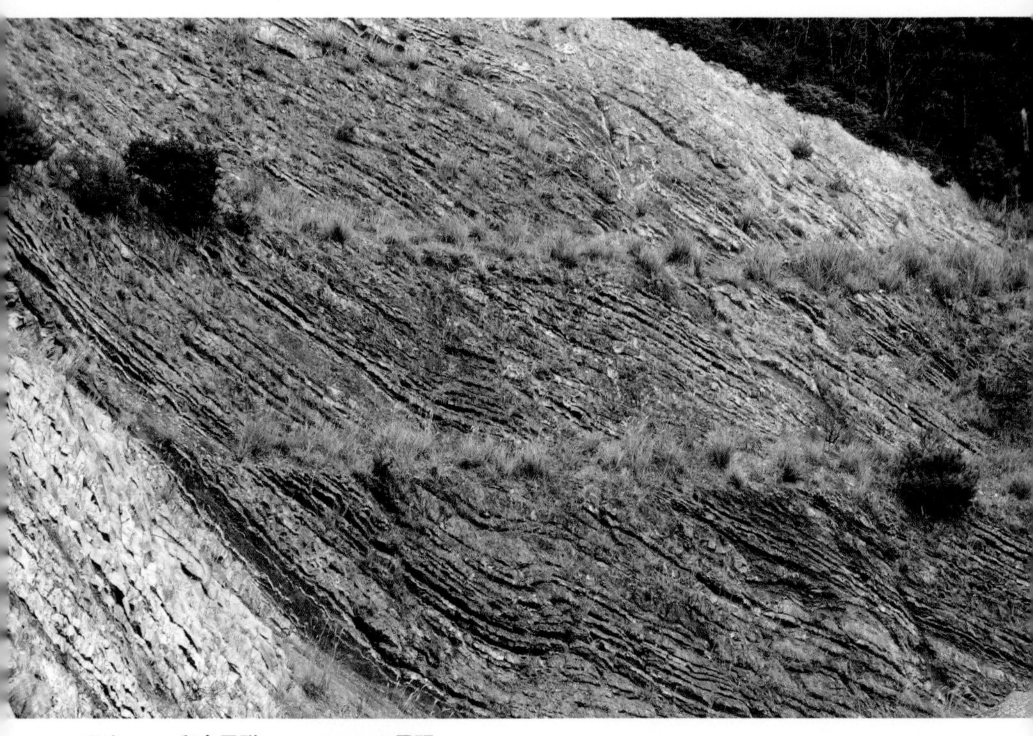

写真4-2　和泉層群(砂岩泥岩互層)の露頭
タービダイト起源の砂岩泥岩互層である。見事なシマシマであり、第2話でいう「美しい地層」に相当する。
徳島県鳴門市　和泉層群板東谷累層（白亜紀の後期、およそ8000万年〜7000万年前）

石をたくさん産出します。このような化石が出るということは、この地層はどちらかといえば浅い海で堆積したようです。そして、和泉層群のメインとなるところでは、タービダイト起源とみられる砂岩泥岩互層が厚く分布しています(**写真4-2**)。タービダイトは海底を流れ下った混濁流の堆積物ですので、ここはかなり深い海だったとみられます。

このように和泉層群は、延々と続く分布域の長さや、産出する化石、非常に厚い砂岩泥岩互層などで知られ、西日本における代表的な白亜紀の地層の一つとなっています。

コダイアマモと名付けられた化石

さて、ここで主役となる化石は、**写真4-3**のような砂岩泥岩互層の砂岩層から見出されるものです。砂岩層の方がかなり分厚いですが、そこそこ深い海に堆積したタービダイトだったとみられます。この場所は大阪府岬町（図4-1）。これは和泉層群の加太（かだ）累層と呼ばれる地層で、時代は白亜紀の後期（およそ7000万年前）とされています。

写真4-4をご覧ください。固そうな砂岩層の表面に、なにやら植物のような形をした黒いものが伸びています。これこそが紹介したい化石なのです。**写真4-5**では、ちょっと形が不鮮明ですが、たくさん見えます。これらは砂岩層の上面近くで層理面とほぼ平行に入っています。**写真4-6**のものは、もっと明瞭で密集していますね。

写真4-3　"主役の化石"を含む砂岩泥岩互層
砂岩がかなり厚い砂岩泥岩互層である。このようなものを砂岩優勢の砂岩泥岩互層という。
大阪府岬町　和泉層群加太累層（白亜紀の後期、およそ7000万年前）

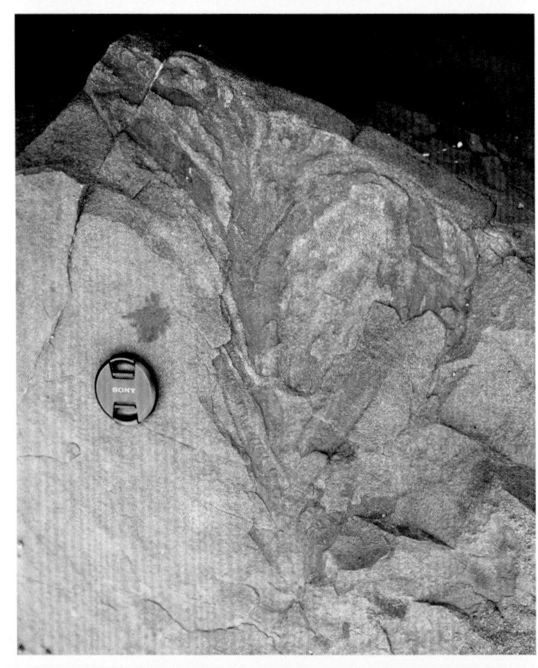

写真4-4
コダイアマモ その1
コダイアマモの枝の一部が見える。

▼写真4-5
コダイアマモ その2
いくつかの保存不良のコダイアマモの枝が写っている

写真4-6
コダイアマモ その3
いくつかのコダイアマモが写っている。中央にあるものは、写真下部のレンズキャップのあたりを枝の下部（地下茎とつながっていく部分）とし、上にいくにつれて大きな葉が密生している。

大阪などでは、和泉層群の厚い砂岩層は「和泉石」と呼ばれ、石材として活用されてきました。そして、その石切場では写真4-4〜4-6のような化石がよく出てきたのです。この独特な形状をした化石は、かつては「正成の槍石」などと呼ばれたようです。さらに、四国東部に分布する和泉層群でも、同様の化石が古くから知られ、こちらでは「ショウブ石」とか「アヤメ石」といわれていました。

さて、時は1931年（昭和6年）、すなわち戦前のことです。植物学者の郡場寛、三木茂の両博士は、論文（参考文献[54]）を発表し、そのなかで、この化石の形などが現生海草類のアマモ類と類似しているとしました。そして、これをアマモの祖先と考え「**コダイアマモ**（古代海草、Archaeozostera）」と名付けたのです。

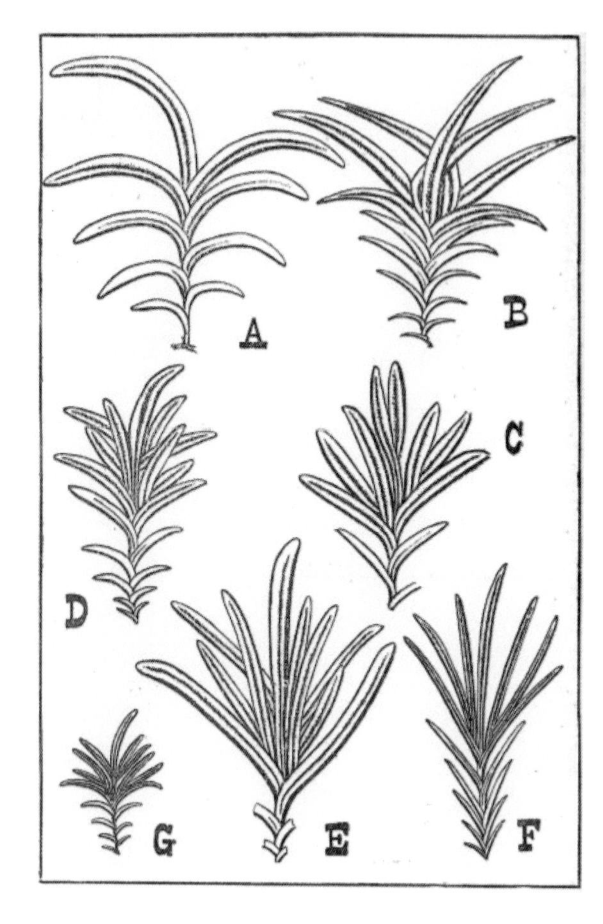

図4-2
コダイアマモ7種の形態
A オホバコダイアマモ
B ヤリバコダイアマモ
C フトバコダイアマモ
D ハネバコダイアマモ
E ナガバコダイアマモ
F ヒモバコダイアマモ
G コバノコダイアマモ

出典：参考文献[54]

さらに、葉の大きさや形などに基づいて、7つの種を識別しました（**図4-2**）。この論文について、筆者なりの観点で要点をまとめてみましょう。

論文に記されたコダイアマモの形態

まずは論文にあるコダイアマモの形態の記述を見てみましょう。地中にある茎すなわち地下茎から左右交互に枝（論文では「枝條（しじょう）」）が出て、それらは直立または浮立するもので、枝には左右互い違いに（二列互生で）葉が生えているとしました。図4-2では、Aの「オホバコダイアマモ」と呼ぶものに地下茎の一部らしきものが描かれています。地下茎に近いほど（つまり根もとに近いほど）葉は

写真4-7　**コダイアマモの葉**
三日月状のものがずれながら直線的に配置していく部分が、
参考文献[54]でいうコダイアマモの肉穂とみられる。

小さく、逆に枝の上の方ほど葉は大きくなります。そして、上方で大きくなった葉の部分には、「肉穂」と呼ばれる、一列の覆瓦状（瓦を並べたように積み重なっている状態）に配列した果実が見られるとしました。**写真4-7**に写っている、三日月状のものがずれながら直線的に配置していく部分を肉穂としたのだと思われます。そして、上方の葉は、時には著しく密生して、相互の葉が乱れるようになるそうです。写真4-6のような状態でしょうか。

コダイアマモには地下茎があるとみられますが、地下茎から葉の先まで全体がそろった化石はほとんどなく、地下茎については未発見の部分が多いとしています。これについては、波浪などで枝の部分が容易に折れてしまい、漂流して海底に落ち着いたり、砂に深く覆われたりしたものだけが化石になったためと推察しています。また、コダイアマモの生育地を浅い海底と想定し、そのようなところは酸素の供給も十分で、地下茎は分解されやすく化石として残らないとも考えました。

コダイアマモの生育環境と地層形成の考察

浅い海というコダイアマモの生育環境については、地層の観点から注目すべき考察が論文にありました。次のようなものです。

コダイアマモは淡水環境から少しずつ海水に適応していったものの、やはり淡水の多いところを好んでいたと、まずは推測します。そして、砂岩層の砂の分量から見れば、大きな河川が注いでいたところ*、そのような河口付近や入り江などといった浅海（せんかい）（外洋ではないところ）にコダイアマモの多くは生育していたと考えたのです。

さらに、コダイアマモの生育環境を記したところには、砂岩層と薄い泥岩層の混じった成層砂岩（つまり砂岩優勢の砂岩泥岩互層）は、土地の昇降を反映してできた、つまり土地が隆起して浅くなれば砂岩層、沈降して深くなれば泥岩層が堆積してできたと考えているような記述もありました。もちろん、戦前にはタービダイトという見方はありませんでしたので、このような議論になったと思いますが……当時の地層形成に対する考え方が垣間見えてなかなか興味深いところです。

論文には、このように古めの地質学的な考え方が見られる一方で、アマモ類の分布に関する考察においては、当時、地学分野では斬新的な（あるいは異端な）仮説とみられていたアルフレッド・ウェゲナーの「大陸移動説」にも言及しています（論文の文献として、1929年に出版された『大陸と海洋の起源 第4版』があげられています）。両博士の議論はグローバルでなかなか柔軟です。

★砂岩層の砂は、（混濁流ではなく）川の流れが運んできたものと想定したようです。

「奇妙な化石」と呼ばれるようになる

さて、話は戦後に飛びます。いつの頃からか、このコダイアマモに疑念がもたれるようになりました。筆者は若かりし頃、化石採集を趣味としていましたが、そのときにお世話になった書籍に『学生版日本古生物図鑑』(参考文献[33])があります。1982年に出版されたものです。そして、この図鑑にもコダイアマモのことが載っていて、次のようなことが記されていたのです(以下、図鑑の記述を要約したもの)。

> 和泉層群の下部では汽水性を示す岩相がみられ、“アヤメ石”と呼ばれる化石を産する。この化石について、郡場寛・三木茂両先生は1931年にコダイアマモとされた。しかし、戦後になり、ドイツの生痕化石の研究者が来日した際、この化石を見て、植物化石ではなく、生痕化石の一種と考えると述べた。このため、生痕化石とする人もいる。両先生が図解された形態は植物化石と思えるが、アヤメ石全部が必ずしもコダイアマモの化石ではないかもしれない。再検討の余地のある奇妙な化石の一つである。

この記述を読んだ当時、最後の一文にある「奇妙な化石」というフレーズが妙に筆者の頭に残りました。その一方で、1980年代くらいには、上記にある生痕説が関係者の間でかなり広がっていたようです。なお、図鑑の記述にある「汽水性を示す岩相*」については、この地層の古い解釈であり、現在では前述のようにタービダイト起源とされています。

★ 汽水とは、淡水と海水の混合による塩分が少ない水のことです。河口や内湾などで見られます。また、岩相とは、地層をつくる岩石の特徴・様相のことで、具体的には岩石を構成する砕屑物の組成や大きさなどを指します。

コダイアマモの正体判明のニュース

2017年のことです。筆者が、いろいろなウエッブサイトを閲覧していたとき、偶然、四国の地方新聞サイトで「鳴門の『海草化石』生物の巣穴だった 県立博物館が調査、断定」という記事タイトルを目にしました(記事自体の日付は2016年8月)。これを見た瞬間、あのコダイアマモのことだと直感し、早速その新聞記事を読みました。しかし、これだけでは詳細がよくわかりません。そこで、ネット検索を続けると、徳島県立博物館の博物館ニュースのなかに、このことに関する解説記事（参考文献[64]）を見つけました。そのタイトルは、ズバリ「海草化石とされていたコダイアマモの正体が判明！」。“奇妙な化石”とずっと思ってきた筆者にとっては、なんとも衝撃的なタイトルです。この解説記事の要点を筆者なりに整理すれば、以下のようになります。

化石の産状の詳しい観察などにより、次のことがわかった。

- コダイアマモは、**図4-3**のように中心軸（上述の「枝」）から「葉」が左右にたくさん出ている形態をとり、ステージⅠ～Ⅲの3つに区分できる。
- 中心軸を根もとの方へ追っていける化石を観察すると、そこには地下茎とみられるものはなく、中心軸は砂岩層の直上にある泥岩層につながっているだけである。
- 中心軸は、泥岩層につながっているところから砂岩層中に斜めに入っていき、最初は細く小さいトンネル（コダイアマモの葉に相当する部分）を左右方向に出す（ステージⅠ）。

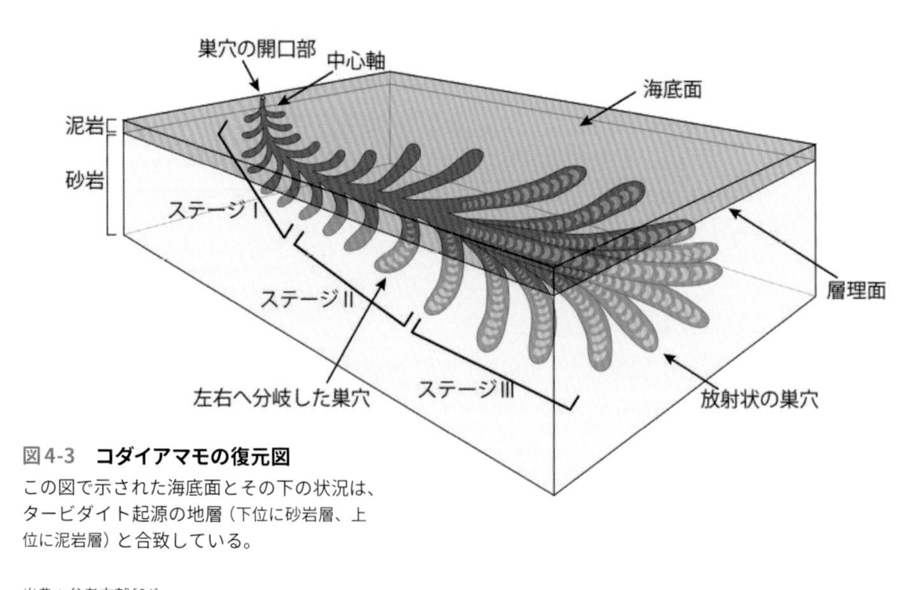

図4-3　コダイアマモの復元図
この図で示された海底面とその下の状況は、タービダイト起源の地層（下位に砂岩層、上位に泥岩層）と合致している。

出典：参考文献[64]

- さらに先にいくと、やがて中心軸と左右に出るトンネル（葉）は層理面と平行になる。それとともに、左右に伸びるトンネルも急速に長く大きくなる（ステージⅡ）。その先では、中心軸からトンネルが放射状にたくさん出るようになり、お互いが複雑に重なり合う（ステージⅢ）。トンネルが大きくなると、その内部に三日月型の構造が見られる。
- コダイアマモの内部をつくる黒い物質がどのような鉱物からなるか分析したところ、これは直上の泥岩のものと同じ鉱物である。

これらのことから、次のように考えられる。

- コダイアマモの中心軸は巣穴であり、また左右に分岐したトンネルや放射状のトンネルも巣穴の一部とみられる。
- コダイアマモは、当時の海底面に体の一部を出して、巣穴の開口部周辺に堆積した栄養分を含む泥を食べ、糞を海底面下の巣穴中に規則的に排泄した動物の生痕化石と考えられる。
- 一つの化石のなかで、トンネルのサイズと形が変化、つまり砂岩層中の先でだんだんと大きくなるような変化は、この動物が成長とともに行動も変化させたことを反映しているとみられる。
- また、ステージⅢの複雑なトンネルの構造は、この動物の成長が止まり、それ以上潜れず、同じような場所を何度も糞の排泄に利用した結果と解釈できる。
- なお、数少ない地下茎の事例は、コダイアマモと一緒に産する甲殻類の巣穴を誤認した可能性がある。

この解説記事では、結論として、コダイアマモのことを「トイレ付きの巣穴化石」と端的に表現しています。

この研究のポイント、つまり生痕化石である根拠は、今まで知られていなかったステージⅠの詳細、特に中心軸が泥岩層へつながっていると判明したこと、そして「葉」をつくる黒い物質の正体解明といったところにあるでしょう。コダイアマモを含んでいた地層をよく観察して、分析したことが功を奏したようです。また、海の生物には海底面の泥を食べて、堆積物に掘った穴のなかに規則的に排泄するものがいるという、背景的な知見があったことも大きいかもしれません。

ところで、図4-2と図4-3を見比べると、いろいろなことが想像できます。例えば、何らかの原因によりステージⅠ〜Ⅱの段階で活動を止めてしまったものはGのコバノコダイアマモ、またステージⅡで止まってしまったものはAのオホバコダイアマモなのでしょうか。さらには、ステージⅠ〜ステージⅢが見えているものはBのヤリバコダイアマモやDのハネバコダイアマモであり、目立つ形・大きさで層理面と平行に入るステージⅡ〜Ⅲが見えているものがCのフトバコダイアマモやEのナガバコダイアマモになるのでしょう。写真4-6は、ステージⅡ〜Ⅲが見えているものになります。

この巣の“ぬし”については、巣穴の形状から、細長くて柔軟に曲がる姿がイメージできるでしょう。しかし、このぬしが具体的にどのような動物なのかはまだよくわからないようです。ぬしは依然として不明ですが、これをミステリアスな深海底に潜む“謎の生物”だと思えば、このような生きものにもロマンを感じませんか。

遠い過去の小さな出来事

さて、第2話で触れたように、タービダイト起源の地層では、生痕化石を除いて、大型の化石はあまり見つかりません。したがって、このコダイアマモという大型の化石が、生痕化石であることにはうなずけます。あるいは、地層がタービダイト起源と判明した段階で、そこから多数見つかる大型の化石は、生痕化石の可能性が高まったといえるかもしれません。本話の冒頭で化石の話をすると書きましたが、実はタービダイトの地層がもう一つの主役だったのです。

それは7000万年あまり前のこと。静寂が支配する深い海の底、とある生きものが複雑な形の住みかをつくって、暮らしていました。ところが、ある日突然、混濁流が来襲し、あっという間に住みかもろとも砂で覆い尽くされてしまいました……地球の歴史の一コマとして、そんな小さな小さな出来事も地層は記録してくれるのです。

第5話

チャートが語る、異常な事件

本当はすごいチャートを、ぜひ知ってほしい！

ここでの主役は、地層をつくる「**チャート**」という岩石です。岩石の名前として、砂岩や泥岩はときどき聞くことがあるでしょう。でも、チャートはどうでしょうか。残念ながら、はじめて耳にするという方も多いかもしれません。かなりマイナー……ですが、実はこれ、ほんとにすごいんです。チャートを知れば、日本列島の土台をつくる地層がわかるだけでなく、もっとグローバルに、太古の広い広い大洋や地球全体の環境についてさえも、解読の糸口が見つかるのです。

日本列島や地球全体の重要な秘密をチャートから読み解くには、そのでき方や、できた場所から運ばれて地上で見られるようになるまでの経緯を知る必要があります。そしてそれには、「**プレートテクトニクス**」や「**付加体**」という考え方が関係しています。

海洋プレートには誕生と終焉がある

プレートテクトニクスといえば、地震を連想する方が多いかもしれません。2011年の東日本大震災のときもそうでしたが、日本の太平洋側沖合で大地震が発生すると、ニュース番組では、プレートと呼ばれる岩盤が日本列島の下へズルズルと沈み込んでいるアニメーションを見せながら「太平洋の下にある海洋プレートが日本列島の方に押し寄せてきて、日本海溝や南海トラフといわれるところで沈み込み……」などといった解説が行われます。これがプレートテクトニクスのすべてではありませんが、これからお話しする内容とも大いに関係する、大事なポイントです。以下では、プレートテクトニクスをもう少し系統的に紹介しましょう。なお、これからの説明は**図5-1**に図解してあります。随時参照してください。

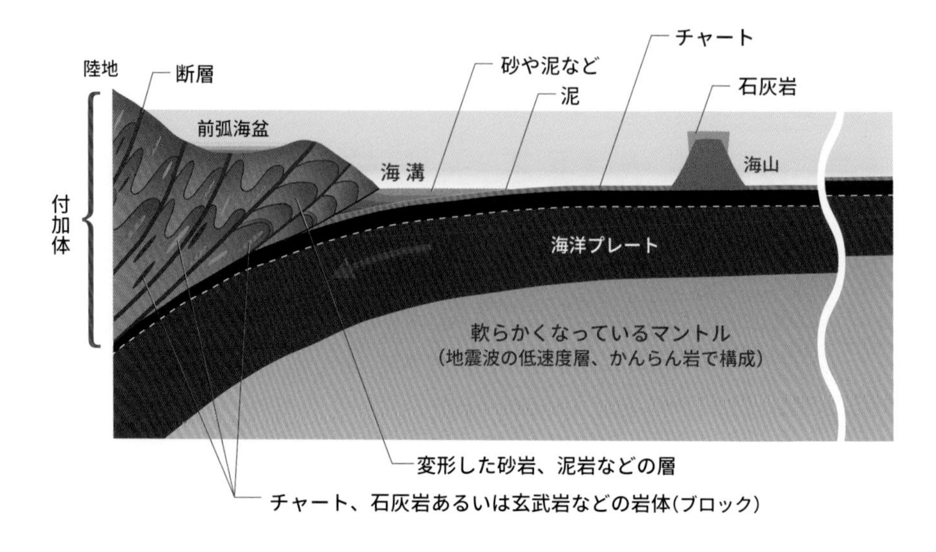

地震のニュースでは「**海溝**（かいこう）」や「**トラフ**」といった海の深み[*1]で「**海洋プレート**」が沈み込むと解説されます。この海洋プレート、元はといえば「**海嶺**（かいれい）」のような海底山脈が連なるところで生まれます。海嶺の下ではマグマが上昇してきては固結し、海洋プレートができるとされています（図5-1の右端）。マグマが固結した岩石は「**火成岩**」と呼ばれます。したがって、海嶺には火成岩（具体的には玄武岩や斑れい岩など）があります。

このようにして生まれた海洋プレートは、海嶺から離れるように動き、その表面は海洋底となります。動く速さは年間数cmかそれ以下です。海洋底では、プランクトンの遺骸や陸から風にのって飛んでくる微細な泥などがとてもゆっくりと堆積していきます。陸から遠く離れた海洋底では「**放散虫類**」と呼ばれるプランクトンの遺骸を主とする堆積物が代表的です。実は、この放散虫類こそが後に、チャートという岩石になるものの正体です。以下では放散虫類の堆積物自体もチャートと呼ぶことにします（図5-1でもチャートとしました）。もし、海洋底がそれほど深くないときには、石灰質の堆積物も積もるでしょう。また、海洋では火山活動が起きて火山島をつくることもあります。この場合、やがて活動を終えた火山島のまわりにサンゴ礁が発達して、石灰質の堆積物（後に石灰岩）が溜まることもあるでしょう（図5-1のなかほど右寄り）。

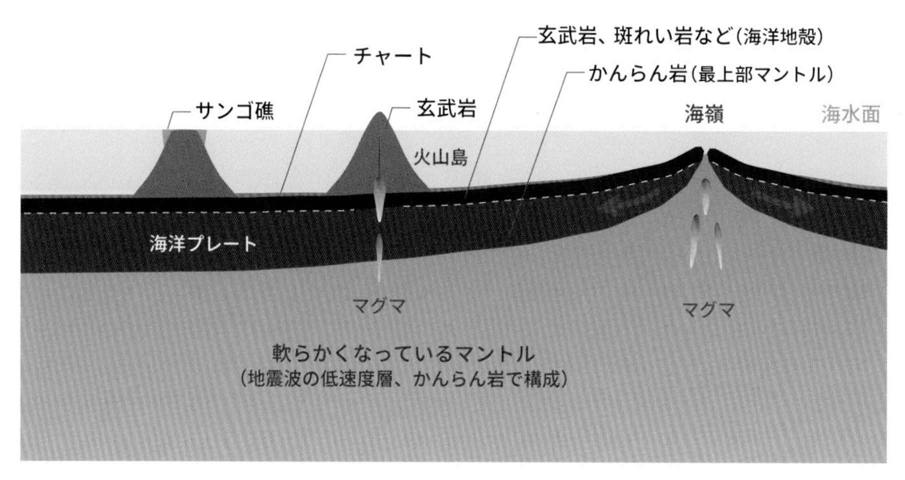

図5-1 海洋プレートの堆積物と付加体の形成
海嶺で海洋プレートが生まれる。海洋プレートの上部は玄武岩や斑れい岩から成り、海洋地殻をつくる。海洋地殻の下には、かんらん岩があり、最上部のマントルとなる。この海洋地殻と最上部のマントルを合わせた部分が海洋プレートであり、これは“固いもの”となっている。海洋プレートの下には、「軟らかくなっているマントル」がある。
この図では、地球の曲がり具合を考慮せず、また海底の深さを誇張する一方で海洋プレートの厚さは矮小化してあり、かなりデフォルメして描かれている(地形や地質構造なども概念的である)。
参考文献[16]や[25]など、さらにはインターネット上の情報も参考にして作成したもの

ところで、海洋プレートは海嶺で形成された後、その移動とともに徐々に冷やされるため、密度や厚さが増していきます。つまり、海洋プレートは重くなるのです。そして、重くなるにしたがって海底も深くなります。このため、活動をやめた火山島は次第に沈下していき、やがて石灰岩をのせた海山になります(図5-1のなかほど左寄り)。

地球の表面はプレートで敷き詰められています。したがって、この海洋プレートは、どこかで別のプレートとぶつかっていることでしょう。このとき例えば、陸をのせたプレートとぶつかれば、陸地よりも重い岩石からなる海洋プレートの方がその下へと沈み込んでいくことになります*2。まさに、大地震を解説したニュース番組のアニメーションのような状況ですね。沈み込む直前には海底も非常に深くなっているでしょうから、そこが海溝になります。日本の周辺では、**図5-2**のように南からフィリピン海プレートが北上してきて南海トラフなどで、また東からは太平洋プレートが近づいてきて日本海溝などで、陸

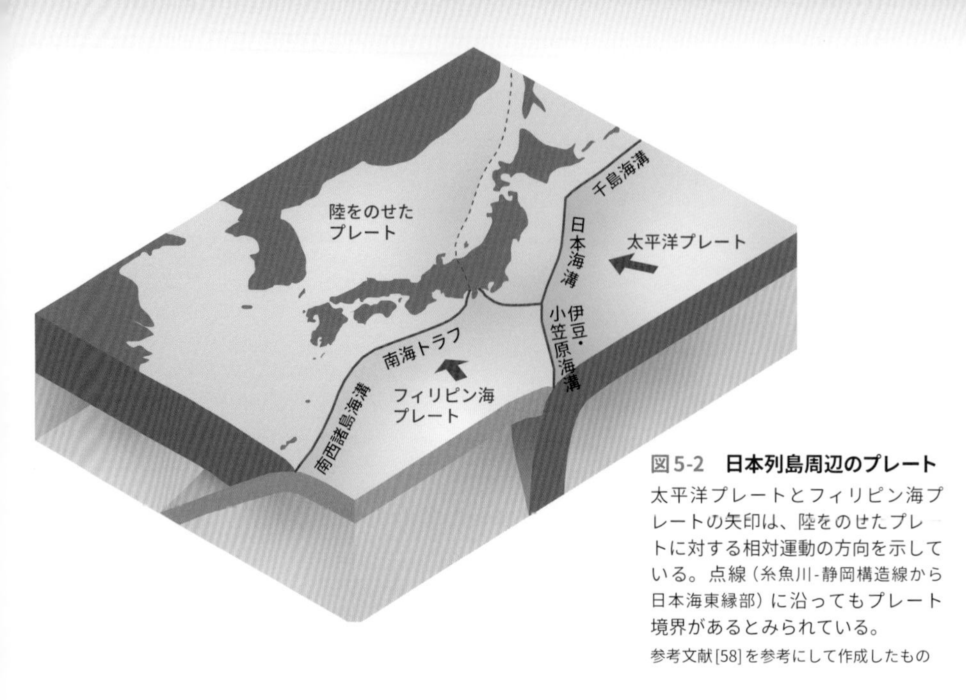

図 5-2　日本列島周辺のプレート
太平洋プレートとフィリピン海プレートの矢印は、陸をのせたプレートに対する相対運動の方向を示している。点線（糸魚川-静岡構造線から日本海東縁部）に沿ってもプレート境界があるとみられている。
参考文献 [58] を参考にして作成したもの

をのせたプレート（日本列島をのせたプレート）の下へ沈み込んでいます。もちろん、フィリピン海プレートや太平洋プレートは海洋プレートです。

★1 海溝やトラフは海底の細長い凹地（くぼち）です。トラフの方が海溝に比べて浅く幅も広いとされています。本書では、これらに対して基本的に海溝という語を使うことにします。

★2 沈み込んだ海洋プレートは「**スラブ**」と呼ばれるようになり、海洋プレートとしての生涯を閉じることになります。

海溝の陸側で形成される付加体とは何か

ここで、海洋プレート上の堆積物に目を向けましょう。海洋プレートの移動とともにチャートや石灰岩付き海山などが日本列島のような陸地に近づき、もっといえばそれが沈み込み始める海溝へ接近します。陸に近づいたことで、チャートなどの上には、陸からもたらされる泥質の堆積物が積もるようになります。海溝にさらに迫れば、陸側から海溝へ流れ込む混濁流によって、砂や泥が運び込まれ、泥質の堆積物の上に積もります（図5-1の左側）。つまり、ここでは厚いタービダイトが形成されるのです。特に、近傍の陸地に高い山でもあれば、そこでの盛んな侵食によって、大量の砂や泥などが海底へ供給されることになるでしょう。

海溝まできた海洋プレートは、陸側のプレートの下へと沈み込んでいきます。このとき、海洋プレート上の堆積物はどうなるのでしょうか。実は、二通りのパターンがあるようなのです。一つはそのまま海洋プレートともに沈み込んでしまう場合。もう一つは、堆積物がはぎ取られ、陸側のプレートに付け加えられていく場合。もちろん後々に、堆積物が地層として見られるのは後者です。ということで、後者の場合で話を進めましょう。ちなみに、現在の日本列島周辺では、南海トラフでのフィリピン海プレートの沈み込みにおいて、堆積物の陸側への付加が起こっているとみられています。

さて、海洋プレート上の堆積物が陸側へ付け加わっていくようすをイメージしたものが図5-1の左端です。海洋プレートが沈み込むとき、まず海溝を充填する砂や泥などがはぎ取られて陸側へ付加していきます。そして、さらなる沈み込みにともなって、砂や泥の下にあるチャートもはぎ取られます。海洋プレートがもっと深く沈み込むと、チャートやその下にある火成岩（玄武岩など）もはぎ取られて、今度はそのすぐ上の部分（堆積物がはぎ取られて溜まっている部分）に底付けされるように付加されていきます。またもし、海洋プレート上に海山と付随する石灰岩があれば、これらは沈み込みながら崩れていき、いずれ陸側へ付加されることになるでしょう。

ところで、この堆積物などが付加されていく場は、プレートどうしがぶつかっているところでもあります。つまり、付加されたものには強い圧縮の力がかかり、激しく曲げられたり（褶曲したり）、断層で断ち切られたり、あるいはグシュグシュにもまれたりします。このため、チャートや石灰岩などは、強く変形を受けた砂岩や泥岩のなかの大きな塊、つまりブロックになってしまいます。図5-1の左端は、この状況をイメージして描きました。このようにして形成されたものを地質学の世界では付加体と呼んでいます。

実は、この付加体こそが日本列島の、いわば土台をつくっているものなのです。現在の日本列島で見られる多くのチャートや石灰岩は、付加体中のブロックとして存在しています。つまりチャートは、付加体のキーとなる構成要素であり、日本列島の土台における代表的な岩石の一つといえます。また、石灰岩も付加体の重要な構成要素です。拙著になりますが、参考文献[18]では石灰岩の具体的な事例を取り上げました。参考にしてみてください。

ちなみに、付加体の上には、図5-1の左端のように「**前弧海盆**」と呼ばれる堆積の場が広がることがあります。これについては、**地層こぼれ話6**で紹介します。

以上をまとめましょう。今回の話の主役であるチャートは、国内では付加体のブロックとして産します。そして、これはもともと遠く離れた大洋の深海底で放散虫類の遺骸がゆっくりと降り積もったものなのです。ということで、やっとチャートの話をできる段階になりました。

さまざまな色のシマシマをつくるチャート

写真5-1〜5-7をご覧ください。国内のチャートの地層です。いずれの地層も、上述の過程を経て、付加体中のチャートのブロックとして存在しています。カラフルで、しかも明瞭なシマシマではありますが、第2話で取り上げた「美しい地層」とは、かなり様相が異なります。このような特徴的なシマシマが見えるものは「**層状チャート**」と呼ばれます。

さて、チャートは微小な放散虫類が降り積もったものでした。この放散虫類は二酸化ケイ素（SiO_2）の殻や骨格を有しています。二酸化ケイ素の組成を持つ代表的な鉱物といえば、やはり「**石英**」でしょう。石英のうちで結晶の形がわかるものは水晶と呼ばれます（**写真5-8**）。実は鉱物の観点では、チャートは微細な石英からできているものです。つまり、チャートは水晶と同じ物質であり、非常に固く、昔は火打ち石として使われていました。また、水晶といえばあの透明な結晶を思い浮かべる方も多いでしょうが、チャートは微細な石英が集まったものなので、基本的には乳白色〜白色系になります。写真5-1や5-2の白色からグレーのチャートのような感じですね。

その一方で、チャートには微細な石英のほかに、少量の不純物も含まれています。そして、不純物の種類や量によっては、特定の色が目立つようになり（なにしろ乳白〜白はあまり主張しない色ですので）、チャート全体が赤っぽい色、オレンジ色、緑を感じる色、あるいは黒などといった色調を帯びます。愛知県犬山市周辺の木曽川沿いの層状チャートを調べた参考文献[53]によれば、赤褐色

写真5-1　白いチャート

付加体中に存在する白色の層状チャートである。露頭は、岐阜県の飛騨川沿いの「飛水峡」と呼ばれる景勝地にある。

岐阜県七宗町

チャート自体が堆積した時代：三畳紀の中期からジュラ紀の前期（およそ2億4000万年～1億8000万年前）

陸側に付加された年代：ジュラ紀の中期から後期（およそ1億7000万年～1億5000万年前）

写真5-2　グレーのチャート

付加体中に存在する、白色からグレーの層状チャートである。飛水峡の露頭。

岐阜県七宗町

チャート自体が堆積した時代：三畳紀の中期からジュラ紀の前期（およそ2億4000万年～1億8000万年前）

陸側に付加された年代：ジュラ紀の中期から後期（およそ1億7000万年～1億5000万年前）

写真5-3
グリーンを感じるチャート

付加体中に存在するやや緑色を帯びた層状チャートである。飛水峡の露頭。

岐阜県七宗町

チャート自体が堆積した時代：三畳紀の中期からジュラ紀の前期（およそ2億4000万年～1億8000万年前）

陸側に付加された年代：ジュラ紀の中期から後期（およそ1億7000万年～1億5000万年前）

写真5-4　オレンジ色のチャート

付加体中に存在するオレンジ色の層状チャートである。露頭に水をかけると、右の写真のように鮮やかなオレンジ色になる。現地では「虎岩（大岩）」と呼ばれている。

栃木県鹿沼市

チャート自体が堆積した時代：ペルム紀からジュラ紀の前期（およそ3億年～1億8000万年前）
陸側に付加された時代：ジュラ紀の中期から後期（およそ1億7000万年～1億5000万年前）

写真5-5
赤褐色(レンガ色)のチャート
付加体中に存在する赤褐色の層状チャートである。国宝犬山城近くの木曽川沿いの露頭。

岐阜県各務原市

チャート自体が堆積した時代：三畳紀の中期からジュラ紀の前期（およそ2億4000万年〜1億8000万年前）

陸側に付加された時代：ジュラ紀の中期から後期（およそ1億7000万年〜1億5000万年前）

写真5-6　**赤いチャート**
付加体中に存在する赤色の層状チャートである。水中にあるため、鮮やかな赤色に見えている。奥武蔵、伊豆ヶ岳・正丸峠方面の沢沿いの露頭。

埼玉県飯能市

チャート自体が堆積した時代：ペルム紀からジュラ紀の前期（およそ3億年〜1億8000万年前）

陸側に付加された時代：ジュラ紀の前期から中期（およそ1億8000万年〜1億7000万年前）

写真5-7　**黒いチャート**
付加体中に存在する黒色の層状チャートである。飛水峡の露頭。

岐阜県七宗町

チャート自体が堆積した時代：三畳紀の中期からジュラ紀の前期（およそ2億4000万年〜1億8000万年前）

陸側に付加された年代：ジュラ紀の中期から後期（およそ1億7000万年〜1億5000万年前）

写真5-8　石英と水晶

写真の横方向に石英の脈が延びている。その空洞に石英が結晶になったもの、すなわち水晶が見える。この水晶は小さいが、透明度は高い。母岩は破砕された花崗岩で、脈の幅は約3cm。場所は長野・山梨県境付近。

のチャートには酸化鉄（赤鉄鉱*1）、暗いグレーないしは黒色のチャートには硫化鉄（黄鉄鉱*2）が含まれているとのことです。

★1　赤鉄鉱は黒色から銀灰色であることが多いですが、条痕色（鉱物を粉末にしたときの色）は赤茶色になります。

★2　黄鉄鉱は金属光沢の真ちゅう色ですが、条痕色は黒っぽい色になります。

黒から赤へ変化していく層状チャート

さて、話は今紹介した犬山市周辺の木曽川に露出する層状チャートのことになります。実は、ここのチャートの研究で、その色が地球の歴史上の大きな出来事と関係しているという、とても興味深いことがわかったのです（参考文献[63]）。

写真5-9は、木曽川沿いで観察できる層状チャートの露頭です。これが研究対象となりました。注目してほしいのはチャートの色の変化です。写真を右側から左側へ見ていくと、暗いグレーないしは黒色から、ちょっと紫がかった赤褐色に変わっていますね。

放散虫類などの化石から、写真5-9の左側が下位の地層であり、年代は三畳紀の中期前半（およそ2億4500万年前）とされています。これは三畳紀がはじまってから数百万年ほどたった頃になります。表1-1（14ページ）からわかるように、三畳紀は中生代の一番はじめの時代です。このため、この露頭の年代は、古生代が終焉を迎え、そして中生代に入って数百万年ほどたった頃といえます。

今、放散虫類などの化石から、地層の下位を判定したと記しました。実は放散虫類は、時代とともにその姿形を変えていきます。このためその化石が見られる地層の年代を詳しく判定するのによく使われるのです。そして大洋に多量に浮遊しているため、その遺骸はあちこちの深海底で広く堆積することになります。ですから、放散虫類の化石は、遠く離れた地域の地層どうしの年代を比べる上でも、とても有効です。このような化石を「**示準化石**」といいます。放散虫類のほか、アンモナイト類などが示準化石としてよく知られています。

写真5-9　黒から赤へ

写真の左側が地層の下位になる。地層の下位から上位へ、チャートの色はグレー・黒色系から赤褐色系になる。付加体中に存在する層状チャートである。写真左上に木曽川が見える。

岐阜県各務原市

チャート自体が堆積した時代：三畳紀の中期前半（およそ2億4500万年前）
陸側に付加された時代：ジュラ紀の中期から後期（およそ1億7000万年～1億5000万年前）

古生代と中生代の境界で起きた生物の大絶滅

古生代から中生代になると、生物の種類は大きく入れ替わりました（だからこそ、ここに時代の大きな境界が引かれたのです）。古生代末の頃には、それまで栄えてきたサンゴ類、ワンソク類、ウミユリ類、フズリナ類、三葉虫類などの海に生息する無脊椎動物種の約9割が絶滅してしまったといわれています（特にフズリナ類や三葉虫類は完全に姿を消します）。陸上でも植物や昆虫類などで絶滅が起こりました。したがって、写真5-9の層状チャートは、この大絶滅から数百万年ほど後のものともいえます。

大絶滅の状況については、調査研究の進展でより詳しくわかってきました。実はこの大絶滅は、ペルム紀の中期と後期の境と、それより800万年ほど後のペルム紀と三畳紀の境という2段階で起こったのです。ペルム紀の中期と後期には、それぞれグラダルピアン（Guadalupian）とローピンジアン（Lopingian）という年代名があり（表1-1）、両者の境は「**G/L境界**」と呼ばれます。ペルム紀と三畳紀の境は「**P/T境界**」と呼ばれ、これはペルム紀（Permian）と三畳紀（Triassic）の頭文字からきています。これらの用語を使えば、古生代終わり頃の大絶滅はG/L境界とP/T境界で2度起きた、と書けます。

層状チャートの色変わりから読み取れること

層状チャートの色の話にもどりましょう。前述のように、チャートの色は、少量含有される不純物によって決まることがあります。そして、この地域のチャートを調べた結果、赤褐色のものには酸化鉄（赤鉄鉱）、暗いグレーないしは黒色のものには硫化鉄（黄鉄鉱）が含まれているのでした。また、黒色のチャートには黒色有機物質も多く含まれるようです。この含有物の違いは、チャートが堆積した環境、特に酸化的な環境（酸素が多い）だったか、還元的な環境（酸素が少ない）だったかを反映していると考えられます。つまり、海水中の溶存酸素が十分にある環境のもとでは赤いチャート、酸素が欠乏している環境では暗いグレーないしは黒色のチャートが堆積したことになります。これを俗っぽくいえば、赤いチャートは赤さびの世界、黒っぽいチャートは臭くて黒いヘドロの世界となるでしょう。

さて、写真5-9の層状チャートの露頭では、下位から上位へ細かくサンプリングされて、鉄の含有物とチャートの色の対応関係が調べられました。すると、下位の暗いグレーないしは黒色のチャートからは黄鉄鉱、上位の赤色系のそれからは赤鉄鉱がそれぞれ特徴的に検出されました。そして、同じチャートのサンプルに黄鉄鉱と赤鉄鉱が共存することはなく、黄鉄鉱から赤鉄鉱に変わる境は、写真5-9のほぼ中央に写っている黄色の層のようです。研究では、これらの解釈として、放散虫類が降り積もる遠洋の深海底の環境が還元的なものから、徐々に酸化的なものに変わったと結論づけています。

この研究によって、P/T境界から数百万年後、遠洋の深海底の堆積環境が徐々に、溶存酸素が欠乏している状態から十分酸素がある状態になったことが判明しました。ここで、「遠洋の深海底」が一つのポイントです。遠洋の深海底でのことは、浅海の環境と違って、局所的ではなくグローバルな環境変化を反映している可能性があるからです。しかも、チャートは、広く世界中の海に分布しただろう放散虫類の化石からなります。したがって、判明した内容は海洋の広い範囲に当てはまるとみることができるでしょうし、各地の調査との比較も容易です。この意味でチャートは、とても効率的で効果的な研究対象といえるかもしれませんね。

地球規模の異常事態「スーパーアノキシア」

関係する調査研究によれば、ペルム紀の中期には赤色だった層状チャートも、G/L境界の頃（1回目の大絶滅）から色が暗いグレーになったといいます。P/T境界の頃にはチャートの堆積ですら一時中断して（放散虫類がほとんど生存していない状態になり）、ケイ質泥岩や黒色泥岩のみが堆積したとされています。その後再び、暗いグレーないしは黒色のチャートが形成されるようになり、さらにP/T境界から数百万年の時を経て、写真5-9で見られるように、ようやく赤色のチャートになったとのことです。P/T境界を挟んでかなりの長期にわたって赤色のチャートが堆積しなかったことから、この間、海洋中の酸素が欠乏していたとみられます*。

海洋中の酸素が欠乏した状態になることを「**アノキシア（anoxia）**」と呼びま

す。特に、上記のような大規模で長期間にわたるものは「**スーパーアノキシア(super-anoxia)**」と呼ばれます（参考文献[44]）。日本語では「**超酸素欠乏事件**」となります。これは地球規模での異常な状態ですね。

海洋中の酸素欠乏は、酸素を必要とする海の生物にとっては致命的です。スーパーアノキシアと古生代末の生物大絶滅にはとても密接な関係がありそうです。G/L境界の頃には、酸素欠乏のほかに、地磁気の逆転、大規模な海退（海面の下降）や火山活動などもあったと考えられています。またP/T境界の頃にも巨大な火山噴火などがあったとされています。しかし、それらと陸を含めた生物大絶滅の関係、あるいはスーパーアノキシア自体の原因については、今も未解明な点があるようです。

この特異な時代に起こった事象の因果関係やその全容、さらには生物の大量絶滅を引き起こした根本的な原因などが、今後の研究でよりはっきりと解明されていくことを期待しましょう。もちろん、この解明には地層や化石、あるいは岩石が重要な役割を果たすものと思います。

★ 三畳紀になっての数百万年間は、海洋の酸素がずっと欠乏していたというより、欠乏状態が頻発し、また海水温も極端に高くなったりと、不安定な海洋環境だったとする見方も出ています（参考文献[4]）。これに従えば、写真5-9はP/T境界後の不安定な時期を脱した頃の地層を見ているのかもしれません。

残ったチャートがはるか過去の出来事を語る

さて、現在の海洋底（海洋プレート）のうち最古のものは、2億年近く前（ジュラ紀の頃）に海嶺でつくられた、とされています。それは、日本のずっと南、深い深いマリアナ海溝のすぐ東側にある海洋底です。では、これより古い海洋底はどうなったのでしょうか。

お察しのとおり、より古いものは海洋プレートの沈み込みで失われてしまいました。しかしながら、日本列島のようなプレートが沈み込む場所の近くには、この失われた海洋底にあったチャートが付加体のブロックとして残っているのです。そしてチャートは、はるか過去のことをいろいろと語ってくれます。このように見れば、川沿いなどに何気なく露出しているチャートって、やっぱりすごいですね。

地層こぼれ話 5

層状チャートはなぜ層に？

チャートのシマの素朴な疑問

写真5-1〜5-7を見て「層状チャートはなぜこんなにもシマシマが明瞭なの?」と不思議に思った方も多いでしょう。筆者も層状チャートを野外ではじめて見たとき、そのように感じました。海洋で放散虫類というプランクトンが少しずつ堆積してチャートになると知れば、この疑念はなおさら強まるでしょう（少しずつ一定に降り積もっていれば、こんな層状にはなりませんよね）。ということで、ここではこの話をしましょう。実はこれ、思いのほか深い問いなのです。

チャート層の間には何があるか

写真で紹介した層状チャートは、ジュラ紀に付加された国内の地層です。これらが堆積したのは、それより前のペルム紀からジュラ紀の前期にかけてのこと。遠洋の深海底で堆積したとされています。

層状チャートにおける、それぞれのチャート層の厚さは数cmくらいのことが多いようです（厚くても10cmあまり）。シマシマに見えるのは、もちろんチャート層の間に何かが挟まっているからです。実は、これは薄い泥質の地層（泥岩層）で、その厚さは数mmです（**写真5-10**）。

層状チャートのでき方：3つの説

では本題です。層状チャートはなぜ層になっているのでしょうか。先に結論をいってしまえば、決定的に有力な原因はまだ判明していないようです（例えば参考文献[34]）。しかし、いつかの説はあります。そして、このなかにはとても興味深く、しかもかなりの説得力を持つものがありました。それをご紹介しましょう。以下は、参考文献[68]に基づく筆者なりの説明です。

まずは、考えられている説を列記しましょう。

写真5-10
チャート層とチャート層の間
付加体中に存在する層状チャートである。チャート層とチャート層の間に薄い泥質の層（泥岩層）が挟まっている。奥武蔵、日和田山の露頭。
埼玉県日高市
チャート自体が堆積した時代：ペルム紀から中生代ジュラ紀の前期（およそ3億年〜1億8000万年前）
陸側に付加された時代：ジュラ紀の前期から中期（およそ1億8000万年〜1億7000万年前）

(1) 堆積物の固結時分離説

放散虫類の遺骸と、陸から風にのって飛んでくる微細な泥の混合した堆積物が、固結時に両者へ分離してしまうというもの（専門的にいえば、続成作用における両者の分離）

(2) タービダイト説

放散虫類と泥の混合した堆積物が混濁流となり、その堆積時に両者へ分かれてしまうというもの

(3) 放散虫類の周期的・短期的な堆積説

少しずつ泥が堆積している環境下で、放散虫類が周期的かつ短期間に大繁

殖して堆積したというもの

このほか（3）の説とは逆に、少しずつ放散虫類が堆積している状態で周期的かつ短期間に泥が堆積したという説などがあります。

これらのうちで、（3）の説こそが注目すべきものなのです。順を追ってお話ししましょう。

層状チャートの平均的な形成時間を見積もる

放散虫類は“とても優秀な示準化石”です。つまり、この化石によってかなり細かくチャートの年代を決めることができます。このため層状チャートの年代はかなり詳細にわかるようになりました。

すると、露頭で延々と積み重なる層状チャートにおいて、上位・下位の2地点での年代と、この間の層の厚さを用いれば、その形成の速さ（平均的な速さ）が見積もられるでしょう。ジュラ紀の層状チャートを使った例では、これは1000年あたり1mm程度になるそうです。したがって、チャート層（厚さ数cm）と泥岩層（厚さ数mm）という一つペアは、おおまかに一組で数cmとみれば、数万年程度の時間がかかって形成されたことになります。

チャート層と泥岩層の各々の形成時間を見積もる

次に、より細かく考えてみましょう。厚いチャート層と薄い泥岩層は、それぞれどのくらいの時間で形成されたものなのでしょうか。このことは上記（3）の説の妥当性を考える上で重要です。とはいっても、この問題は、放散虫や泥だけを見ていてもなかなか解決しません。実は、第三の“モノ”が必要となるのです。

層状チャートを詳しく分析すると、チャートの部分にも泥岩の部分にも、磁性球粒と呼ばれる微小な物体（大きさ5〜100ミクロン）がそこそこの濃度で含まれています。この磁性球粒は、宇宙から降下した微小な物体（宇宙塵）とみられます。そして、数万年オーダーでは、磁性球粒の降下率は一定と見なせるようなのです。すると、例えばチャート層と泥岩層で磁性球粒の濃度がほぼ同じであれば、両層の堆積する速さは同じでしょうし、もし濃度が違えば、堆積の速さは異なることになります（例えば、泥岩層での濃度が高ければ泥の堆積は遅く、逆に低ければ速いといえる）。

このようなことから、チャート層と泥岩層、それぞれにおける磁性球体の濃度が測られました。するとなんと、泥岩層の方がチャート層よりも10倍～100倍も磁性球体の濃度が高かったのです。この結果は、泥岩層の方がチャート層よりもずっと遅いペースで堆積したことを意味するでしょう。そして、チャート層ができるときには、すごい速さで放散虫類が降り積もったことになります。

考えられる層状チャートのでき方

上記のことを踏まえて、層状チャートのでき方について、次のような説が提案されました。

当時の大洋は、次の①、②という状況にあった。

①大陸から風でなどで吹き飛ばされてくる粘土が深海底に定常的にごく少しずつ堆積

②このような堆積の場で放散虫類が周期的（数万年に1回くらい）かつ短期的（数千年間くらい）に大繁殖して深海底に堆積

この結果、層状チャートが形成された。

つまり、先ほどの（3）の説ですね。なお、チャート層と泥岩層の部分は、すっきりと分かれているわけではなく、チャート層にも泥の成分は含まれていますし、泥岩層でも放散虫類の化石は見られるようです。

層状チャートのリズムで感じる地球の変動

ここで話は大きくなります。以上の説を受け入れれば、層状チャートは、大洋で放散虫類の短期的な大繁殖が数万年の周期で繰り返されてできたことになります。すると「この数万年の周期とは何か」という新たな疑問に突き当たります。もう少し具体的に考えれば「数万年の長さで周期的に繰り返す地球規模の変動（現象）とは何か」となるでしょう。

現在知られている現象を見渡せば、氷期・間氷期の繰り返しが考えられるかもしれません。今では、氷期・間氷期の繰り返しの原因は、「**ミランコビッチ・サイクル**」と呼ばれる、地表が受ける日射量の変動にあるとみられています。具体的には、このサイクルは、地軸のすりこぎ運動（歳差運動）、地軸の傾きや公転軌道が規則的に変わることによって、地表の日射量が周期的に変化するというものです。数万年の周期での放散虫類の繁殖についても、このミランコビッチ・サイクルに原因を求める考え方が出されています。そして、これを踏まえた研究も進められているようです。

もしこの考え方のとおりであれば、層状チャートは当時の気候の変化、もっといえば地球環境の変動も教えてくれる、非常に貴重な地層といえるでしょう。露頭を眺めて、層状チャートがつくり出すシマシマのリズムから、過去に繰り返した地球規模の変動を感じてみるのもいいかもしれません。

地層こぼれ話 6

地層の立ち位置

付加体の上に広がる堆積の場「前弧海盆」

第5話の前半では、プレートテクトニクスと付加体について紹介しました。この話にもう少し深入りすれば、これまで紹介してきたそれぞれ地層の「立ち位置」が見えてきます。つまり、プレートテクトニクスというグローバルな観点から見て、その地層がどこでできたのかがわかるのです。

図5-1左端に描いた付加体の付近に注目してください。この図のように、付加体の上には、前弧海盆と呼ばれる堆積の場が広がっていることがあります。前弧海盆には浅い海から深い海までが広がります。そして、それぞれの深さで堆積物が溜まり、さまざまな地層が形成されます。

これまで紹介した地層のうち、例えばコダイアマモが見られた和泉層群（写真4-3、67ページ）は、白亜紀の前弧海盆で堆積したとみられています。和泉層群では、アンモナイト類や貝類の化石を産する比較的浅海の堆積物から、かなり深い海底に流れ下ったタービダイトまでと、とても変化に富んだものが地層になっています。このほか根室層群（写真1-9、18ページ）、宮崎層群（写真2-6、30ページ）、上総層群（写真1-6、16ページ）、山中層群（写真3-7、53ページ）も前弧海盆の堆積物と考えられています。

もっと深いところにある堆積の場「斜面盆地」

海溝の陸側にある斜面を詳しく見ると、「**斜面盆地**」と呼ばれる堆積の場が見られることもあります（**図5-3**）。斜面盆地は、前弧海盆よりも海溝に近く、深いところにあります。あの巨大な海底地すべりを起こした千倉層群（写真1-1、5ページ）は、斜面盆地で堆積したと考えられています。海溝に近い、いかにも大地震の影響を受けやすそうなところですね。

褶曲によって逆転した地層が見られた三倉層群（写真3-16、62ページ）も斜面盆地の堆積物とみられています。ただし、この地層については海溝を埋めた堆積物が陸側に付加されたもの、つまり付加体の一部という見方もあるようです。いずれにしても、このようなところでは強い圧縮の力がかかるため、図3-2（63ページ）のごとく地層が曲げられてしまったのでしょう。

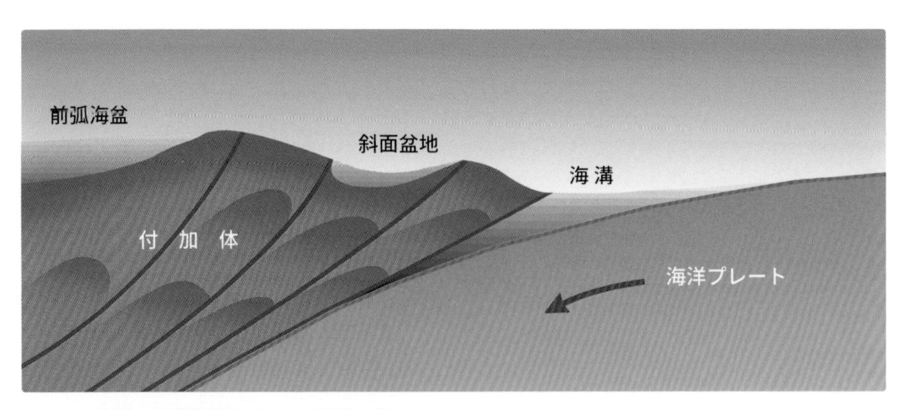

図5-3　海溝の陸側斜面における堆積の場

参考文献[25]や[76]などを参考にして描いたもの

そして付加体の地層

層理が細かく流れる麺のようになっていた的矢層群（写真2-3、28ページ）は、白亜紀から古第三紀にかけて形成された付加体の一部とみられます。つまり、付加体自体の地層です。静かな深い海で写真2-5（29ページ）のような生痕を残した堆積物が、海洋プレートの沈み込みにより、陸側へ付加されて大きく傾き、そして今、海岸沿いの露頭で見られるのです。

神奈川県の三浦半島南部に分布する、三浦層群の三崎層（写真2-1、26ページ）も、かなり深い海で堆積したもので、付加体の地層と考えられています。この地層の年代は、新第三紀中新世の中期から鮮新世の前期（およそ1200万年〜450万年前）とされます。地質学的には比較的新しいものです。陸側に付加されて間もなく、何らかの原因で急激に隆起して地上に現れたとみられています。

もちろん、第5話で紹介したチャートも付加体を構成しています。このため、付加体の地層といえるでしょう。

地層がどこで形成されたのか、あるいは付加体のものかどうかなどについて、文献で調べて、露頭を眺めれば、遠い過去の出来事がいろいろと想像できそうですね。

第6話

海のものとはひと味違う

海でないところでも地層はできる

これまで紹介してきた地層は、海で堆積したもの、具体的には前弧海盆や大洋底などの堆積物に由来しました。もちろん、地層ができるのは海だけではありません。もっといろいろなところで地層はつくられます。“地層ワールド”は広いのです。

今回は、海ではないところで堆積した地層の話をしましょう。これを知れば、地層が思いのほか身近な場所でつくられていることもわかり、地層に対するイメージがちょっとだけ変わるかもしれません。

さらにいえば、地層は堆積した場所に応じての特徴を持ちますし、逆に、その特徴から地層のできた場所を推定することができます。これこそ地層の読み解きですね。

とはいえ、この話も、本題に入る前に多少の予備知識が必要です。

写真6-1　斜交葉理が見られる地層
斜交葉理が見られる単層が重なっている。スケールとして置いたペンのところが層理である。
北海道釧路市　浦幌層群雄別層（古第三紀始新世の後期、およそ4000万年～3500万年前）

層理より細かなシマシマ「葉理」

地層を観察すると、1枚の地層（単層）のなかに細かなシマシマを見ることがあります。このシマシマは、層理と平行なこともありますし、斜交している場合もあります。これらは「**葉理**」と呼ばれ、層理とは区別します。葉理のうち、層理と平行なものを「**平行葉理**」、斜交しているものを「**斜交葉理**」といいます（**写真6-1**）。葉理は、砂が泥が水流や風によって運ばれて堆積するときにでき

るとされています。

水流のある砂地での堆積

話は、斜交葉理のでき方です。水中の砂地に軽微な起伏のある状況を考えてみましょう。このようなところで水流が生じると、軽微な起伏付近でできる局所的な渦によって、砂面には次第にうねうねとした起伏が生じます。やがてこの起伏は、**写真6-2**のような「**リップルマーク**」とか「**漣痕**（れんこん）」と呼ばれるものに

写真6-2　水流によるリップルマーク

写真の中ほどから下に見えるものが、水流（川の流れ）でできたリップルマークであり、カレントリップルと呼ばれる。この場合、個々のリップルマーク（個々のシワシワ）は緩やかな斜面と急な斜面からなり、緩やかな側が上流である（写真では左から右へ水が流れた）。写真での1つのリップマークの大きさは十数cm程度。なお、写真の上部には風によるリップルマーク（風紋）が見える。

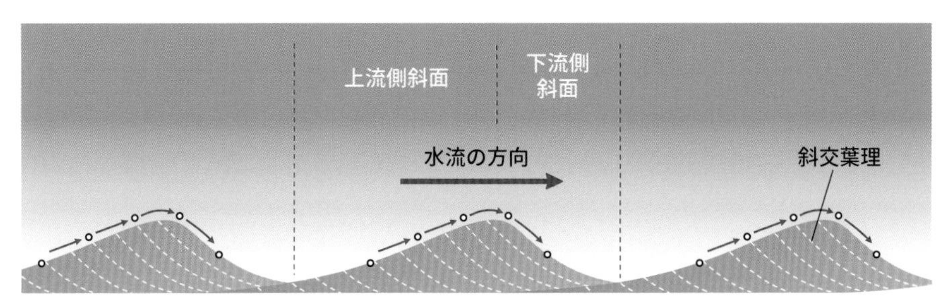

上流側斜面では砂粒が移動し、リップルマークは侵食されていく
下流側斜面では砂粒が順次堆積して、傾斜した葉理(斜交葉理)ができていく

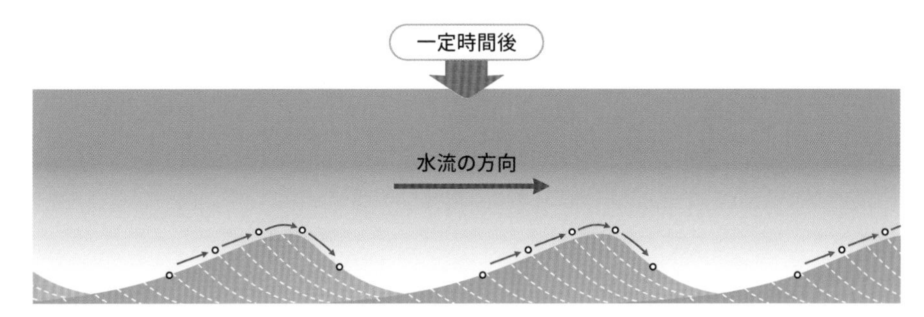

一連の侵食と堆積が進むと、リップルマーク全体は下流の方へ移動していく

図6-1　**リップルマークと砂粒の動き**

成長していきます。

水流によって、リップルマークが形成されているときには、**図6-1**（上の図）のように、上流側の斜面にある砂粒は下流に向かって動き、下流側の斜面に落ち着くことになります。つまり、上流側の斜面は次第に侵食され、下流側では砂粒が堆積していくのです。下流側の斜面では、砂粒がその性質（形状、大きさ、密度など）に応じて規則的に並んだり選別されたりしながら堆積します。この作用が図に点線で示した筋状の構造をつくるとみられます。このような筋が斜交葉理なのです。そして、継続的な侵食と堆積により、リップルマーク全体は、図6-1（下の図）のように下流方向へ移動していくことになります。

水流によるリップルマークができている砂地で、砂がどんどん供給されて積み重なっていく状況では、堆積物は、例えば**図6-2**のようになるでしょう。そ

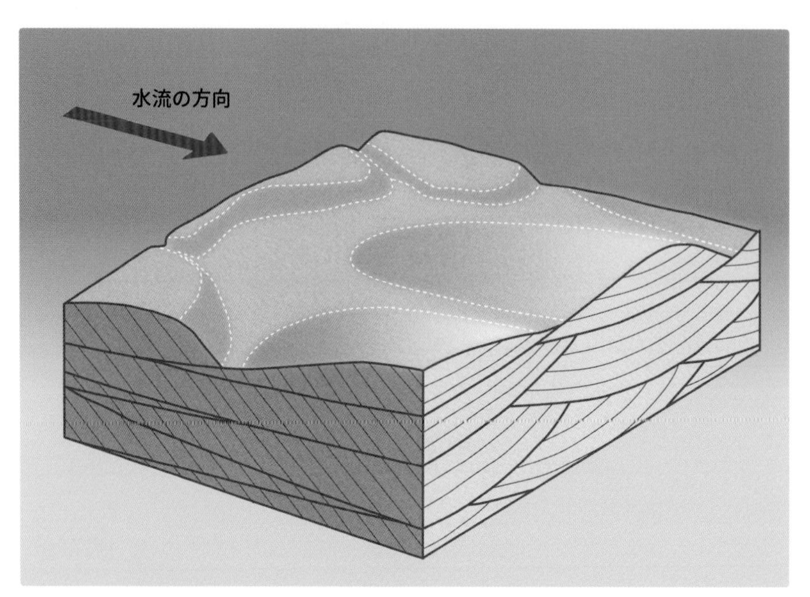

図6-2　トラフ型斜交葉理

斜交葉理は水流が流れていく方向へ傾いている。トラフ型斜交葉理では、流れと垂直な断面で見たとき、葉理は図のように湾曲する。斜交葉理には、このほか平板型斜交葉理と呼ばれるものもあり、この場合、流れと垂直な断面で見ると、葉理は直線的になる。

参考文献[25]や[34]など、さらにはインターネット上の情報も参考にして作成したもの

して、このような堆積物が地層になれば、単層のなかに斜交葉理が見られることになります。堆積物を立体的に見たとき、葉理が図6-2の形になるものを「**トラフ型斜交葉理**」といいます。

平行葉理については、例えば写真2-12（38ページ）の砂岩層を見るとよいでしょう。平行葉理は、一般に水流の速さがより大きいときにできるようです。写真2-12でも堆積時の流速がより速かったであろう砂岩層の下～中部に平行葉理が見られます。上部には小さな斜交葉理も認められます。

これで、今回の話題についての事前準備は整いました。本題に入りましょう。

都市開発の過程で観察できた地層

筆者が居住する茨城県つくば市は、筑波台地（筑波・稲敷台地ともいう）にあります（**図6-3**）。この台地は、つくば市から南東方向に広がり、ここには第四紀更新世の中期から後期に堆積した地層が分布しています。

さて、2005年に東京の秋葉原とつくば市中心部を結ぶ高速鉄道「つくばエクスプレス」が開業し、この後は沿線で宅地開発や道路などのインフラ整備が急速に進みました。それにともなって、つくば市でも台地を削る工事があちこちで行われ、道路沿いなどでは台地を構成する地層が一時的に垣間見られるようになりました。これから紹介する地層は、そのようなものの一つです。

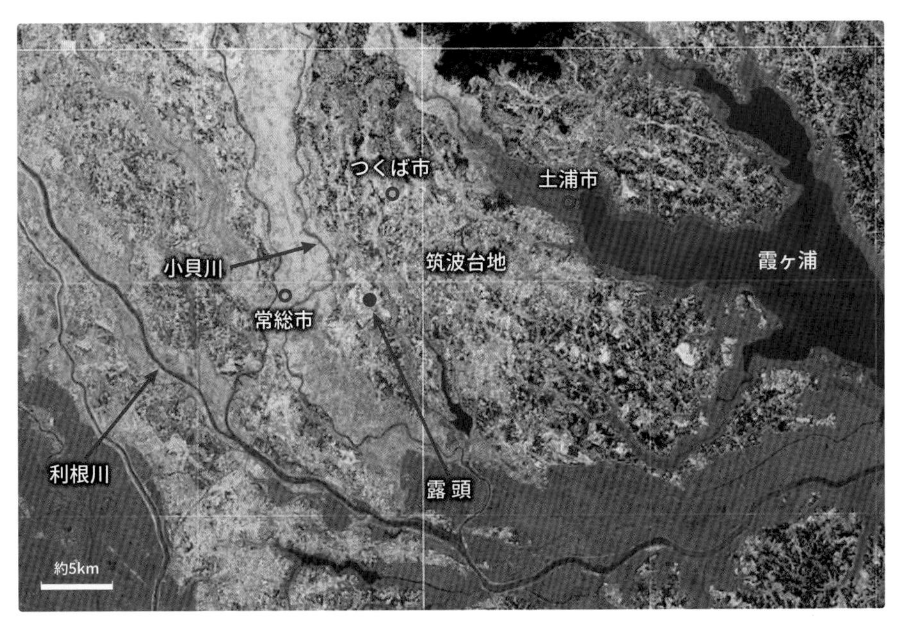

図6-3　筑波台地、小貝川、露頭の場所
緑黄色から橙色が標高15m以上の地域
地理院地図（https://maps.gsi.go.jp）において、自分で作る色別標高図と空中写真を合成して作成したもの

ユニークな顔つきの地層との出会い

ここでの主役は、**写真6-3**の地層です。開発工事にともなって出現し、少しの間だけ顔を出しました。それにしても、なかなかユニークな顔つきをした地層ですね。上下を茶色の層に挟まれた、厚さ2m弱の明るいグレーの層が目立ちます。写真を左から右へ見ていくと、この明るいグレーの層は（写真の）中央付近からだんだん薄くなり、右端の方で消滅してしまいます。この明るいグ

レーの層、実は小さな礫を含む砂の層なのです。以下では、これを「グレー砂層」と呼びましょう。

写真6-3のすぐ右側で露頭は続かなくなります。したがって、その先で地層がどのようになるのかはわかりません。写真の左側では、グレー砂層がこのような感じでさらに7〜8mくらい続き、その先で露頭はなくなります。つまり、グレー砂層は帯状に左方向へずっと延びているのです。

地層の見どころを個々に注目

さて、写真6-3の地層をより細かく観察すれば、いろいろな部分で特徴的なものが見えてきます。いわば“地層の見どころ”です。写真6-3に付した位置写真で、見どころとなる箇所をA〜Dという範囲で囲いました。各箇所の詳細がわかる写真を使って、順次説明しましょう。

範囲Aは**写真6-4**になります。これはグレー砂層の下〜中部を代表したものです。砂は粗く、大きな斜交葉理が発達しています。つまり、大きな砂粒を動かしてできた、ストロークが長い斜交葉理なので、水流の強いところで堆積したと考えられます。大きな斜交葉理の層は何枚かありそうです。また、写真ではちょっとはっきりしませんが、下部のところどころに泥の塊や小さな礫を含んでいます。そして、グレー砂層は、下位にくる茶色の層とは明瞭な境で接しています。

位置写真

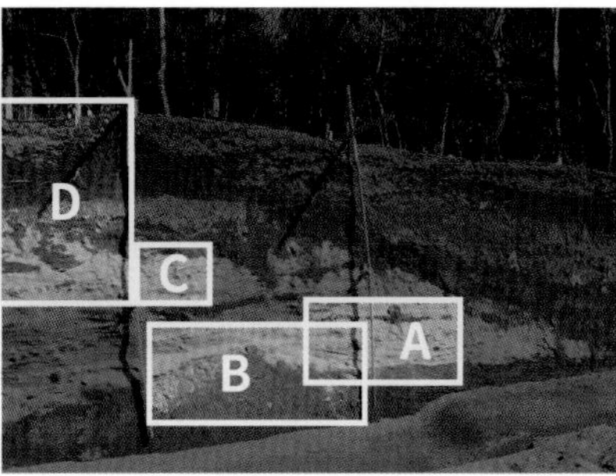

写真6-3
ユニークな顔つきの地層
露頭では、明るいグレーの層（グレー砂層）が目を引く。露頭の高さは3mあまり。右下に付した位置写真で、特徴的なものが見られる範囲A〜Dを示した。

茨城県つくば市

下位の地層：常総層（第四紀更新世の後期、およそ10万〜数万年前）

上位の地層：関東ローム層（第四紀更新世の後期以降、数万年前以降）

写真6-4　範囲A

グレー砂層の下〜中部を拡大した写真である。ここでは、大きな斜交葉理が発達している。
また、砂粒も粗く小礫も含んでいる。
グレー砂層とその下位の茶色の層との境は明瞭である。

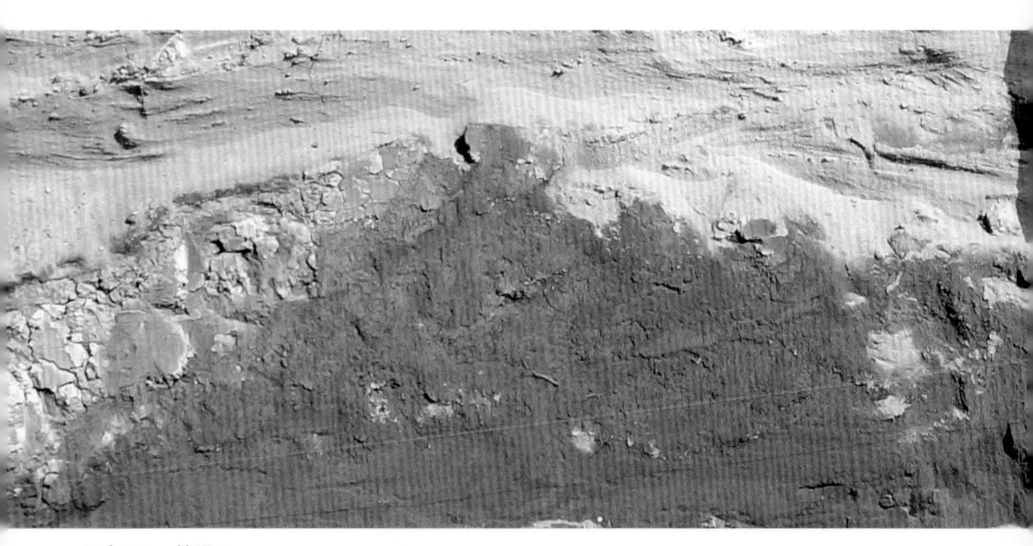

写真6-5　範囲B

グレー砂層の最下部付近を拡大した写真である。たくさんの泥の塊が積み重なっているように見える。

写真6-6　範囲C
グレー砂層の上部を拡大した写真である。不明瞭で、あまり大きくない斜交葉理が見られる。
グレー砂層の上位には灰茶色の層が重なる。

範囲Bは**写真6-5**です。ここでは、下位にある茶色の層が盛り上がって見えます。盛り上がったところは、たくさんの泥の塊が積み重なっているようです。

範囲Cは**写真6-6**となります。ここはグレー砂層の上部を代表したものです。グレー砂層の下〜中部と比べて、ちょっと不明瞭で、あまり大きくない斜交葉理が重なっています。砂も細かいものです。グレー砂層の上位には灰茶色の層がのります。灰茶色の層は粘土層とみられます。両者の境はちょっと凸凹した感じです。これについては範囲Dを見るとよくわかります。

範囲Dは**写真6-7**です。ここでは一番下に、小さな斜交葉理のあるグレー砂層の上部が見えます。この上でグレー砂層と灰茶色の粘土層が局所的に相互に重なり、そして粘土層（写真中央に見える灰茶色の帯）となります。さらにその上

写真6-7　範囲D
グレー砂層の上部から地表までの部分を拡大した写真である。一番下にグレー砂層の小さな斜交葉理がかすかに見える。その上でグレー砂層と灰茶色の粘土層が局所的に相互に重なり、そして粘土層がのる。さらにその上に、濃い褐色の関東ローム層がきて、地表に至る。

に、濃い褐色の関東ローム層がのって、地表に至ります。

ここで、グレー砂層の斜交葉理について少し補足しましょう。これまでの写真では、はっきりしませんが、ここのものは、図6-2で示したトラフ型斜交葉理です。露頭の別のところでは、**写真6-8**のような斜交葉理が見られます。葉理の湾曲する形が非対称だったり、不鮮明だったりしますが、よく見ると、トラフ型斜交葉理であることがわかるでしょう。

以上の説明（地層の記載）は、露頭に触ったりせず（工事現場なので）、ちょっ

写真6-8　トラフ型斜交葉理
両写真とも、横幅は数十cm程度。

と離れた場所からの観察によるものです。そのため、多少の不正確さもあるかもしれませんが、このようなものだと判断しています。

ある日ひらめいた、この地層の正体

　このユニークな顔つきの地層は、いったい何者なのでしょうか。つまり、どのようなところで堆積してできたのでしょうか。筆者なりに思案してみましたが、謎でした。

写真6-9　蛇行河川と三日月湖

茨城県つくば市と常総市の境界を流れる小貝川。ところどころに三日月湖がある。また、河川の湾曲部の内側には、突州（本文で後述）が見える。1948年撮影。

出典：国土地理院ウエッブサイト（https://www.gsi.go.jp）の空中写真USA-R793-18（画質調整と切り出しを行ったもの）

時がたち、この地層を忘れかけていた、ある日のことです。地層関係の文献を何気なく眺めていたとき、それは突然来ました。文献にあった図を見て、ひらめいたのです。もしかしたら、あの地層は「**蛇行河川**」の堆積物ではないかと。早速、いろいろ調べると、同じような図が載っている書籍や論文をたくさん見出しました。

蛇行河川。もちろん、これは流路が曲がりくねっている河川です。河川は山地や丘陵地でも蛇行しますが、今は、平野でのものを思い浮かべてください。**写真6-9**は、つくば市と常総市の境界を流れる小貝川の蛇行です（小貝川の位置は図6-3参照）。終戦直後に撮られたこの写真では、河川はよく曲がっていますし、曲がりすぎた結果、流路が切断・短絡化されてできた「**三日月湖**」も見られます。

ジオラマみたいな地層形成の図

ひらめきを与えてくれたのは、**図6-4**のような図です。わかりやすさのため、いくつかの文献を参考にして描き直しました。複雑ですが、ジオラマみたいで楽しそうな図ですね。実はこれこそが、蛇行河川での堆積（地層形成）のようすを示したものなのです。順番に説明しましょう。

まず、蛇行河川にかかわる地形の用語です。屈曲した河道の外側（凹側の川岸）にある急傾斜（崖）を「**攻撃斜面**」、その内側（凸側の川岸）にある緩斜面を「**滑走斜面**」といいます。両者の配置は図6-4に示したとおりです。

さて、河川の屈曲部では、そこでかかる遠心力のため水面付近の水流は攻撃斜面に向かいます（図6-4の矢印A）。この水流は、攻撃斜面にあたって川底に下ります。下った水流は、反対側の滑走斜面を上昇していく流れ（図6-4の矢印B）になります[*1]。つまり水流の一部は、このように大きならせん状の流れをつくるのです。攻撃斜面は下る水流によって、侵食されます。また、滑走斜面では、上昇する流れによって礫や砂などの砕屑物が堆積します。

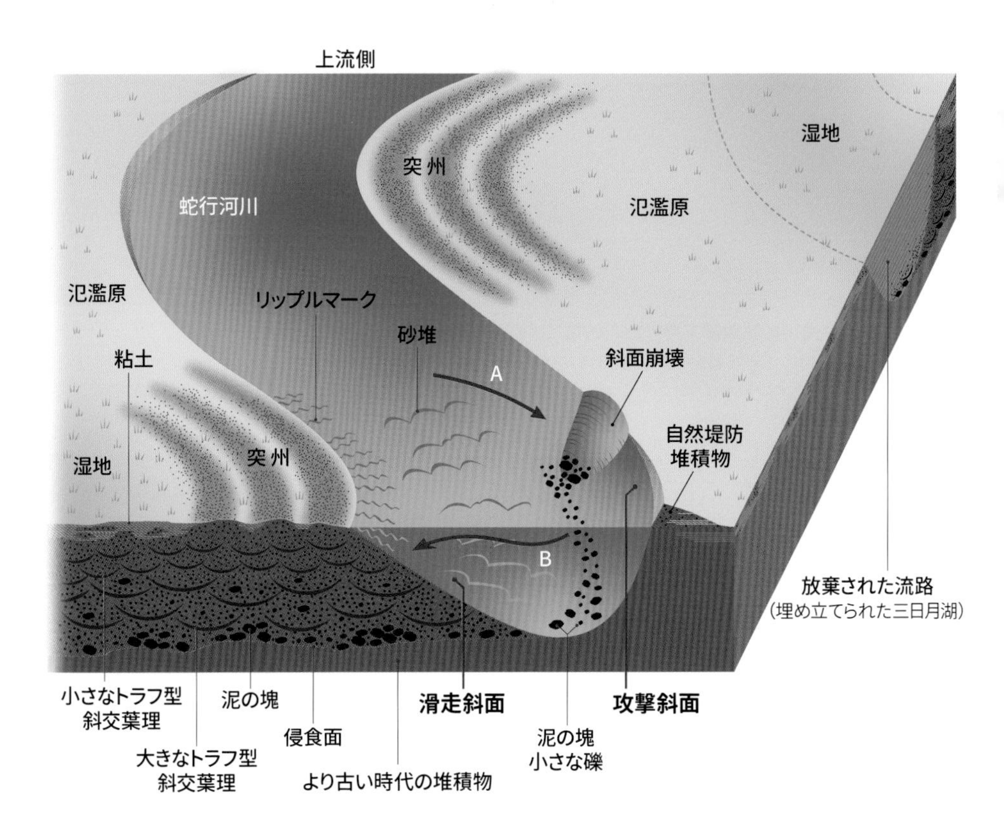

図6-4　蛇行河川での堆積物(地層)形成のようす

参考文献[15]、[25]、[41]、[45]などを参考にして描いたもの

写真6-10　河川の屈曲部で見られた砂堆とリップルマーク
写真下段の深いところでは砂堆（写真では間隔の広い黒っぽい太い筋）、写真中段の浅瀬にはリップリマーク（写真では細かいしわ状のもの）が見える。川は写真の左から右へ流れている。

ここで、滑走斜面での堆積の仕方について、もう少し詳しく見てみましょう。滑走斜面では水流は川底から斜め上方へと流れます。この水流は上方へいくにしたがって速さが落ちます。このため、滑走斜面の下部には礫や粗い砂などが堆積し、上方にはより細かな砂が積もることになります。また、下部では流速や堆積物の粒径が大きいため、しばしば「**砂堆**（さたい）*2」とともにそのサイズに応じた大きなトラフ型斜交葉理ができます。一方、上方では流速や粒径が小さくなって、リップルマークとそれに応じた小さなトラフ型斜交葉理ができることになります（**写真6-10**）。

攻撃斜面側では、ときどき図6-4のような小規模な斜面崩壊が起こり、泥の塊や小さな礫が崩れ落ちることもあるかもしれません。それらは川底の方に溜まったりするでしょう。

以上のようにして、蛇行河川の攻撃斜面はどんどんと侵食されて後退し、その一方で滑走斜面には小さな礫や砂などが堆積して側方に前進していくことになります。つまり、蛇行河川はどんどんと屈曲し、激しい蛇行状態になっていくのです。蛇行河川の屈曲部で前進するところを「**突州**（とっす）」あるいは「**ポイントバー**」といいます。側方に前進していく突州の堆積物の底は、攻撃斜面が侵食され後退することでできた侵食面です。この浸食面の下には、より古い時代の堆積物があり、突州の堆積物との境目はくっきりしています。

突州はどんどん前進する一方で、その背後や周辺は、洪水時の氾濫による水で覆われたりします。そして、長い間冠水すれば、粘土など細粒の堆積物がゆっくりと堆積するようになり、湿地などが広がります。このようなところを「**氾濫原**」といいます。ここでは植物も生えてくるでしょう。

また、氾濫で水が流れ込むときには、砂も運ばれてきますので、氾濫原の堆積物には砂質のものも挟まれます。さらに洪水時には、河川の攻撃斜面側でも水はあふれ出て、河川に沿って砂や泥を堆積させます（図6-4で「**自然堤防堆積物**」としたところ）。なお、氾濫によって砂が運び込まれる場合、**地層こぼれ話7**で紹介する、興味深い構造を堆積物に残すことがあります。

蛇行河川の屈曲が激しくなると、流路は切断・短絡化されて、三日月湖をつくることになります（写真6-9）。そこは、いってみれば放棄された流路で、徐々に細粒の堆積物が溜まっていくでしょう（図6-4の右上）。

★1 一般に河川の流速は、底面の影響を受ける川底付近よりも、水面近くの方が速くなります。河川の屈曲部においては、水流に遠心力（力の向きは攻撃斜面側）がかかります。高校の物理で習ったように物体が受ける遠心力の大きさはその速さ（この場合は流速）の2乗に比例します。このため、水面近くの水流はより大きな遠心力を受けることになり、攻撃斜面に向かって流れていきます。そして、この分を補うように、川底では滑走斜面への流れが生じるともいえます。

★2 砂堆とは、いってみれば大きなリップルマークのことで、水流で形成された波長60cm以上の波状のものをいいます。

問題の露頭をどう解釈するか

以上が図6-4に描いた、蛇行河川での堆積のようすです。ここで注目すべきは、この図における突州の堆積物（地層）の断面でしょう。写真6-3に見えるものに似ていますね。つまり、大小のトラフ型斜交葉理のあるグレー砂層は、突州で前進した堆積物であり、写真の右半分でこれが先細った先については、図6-4右上のような放棄された流路（が泥などで埋まったもの）の可能性があります。この露頭では、残念ながら攻撃斜面までは現れていませんが。

グレー砂層は、泥の塊のところを除けば、下にある層との境目がシャープです。これはこの境が侵食面であるためと思われます。また、グレー砂層の最下部や下部にある泥の塊は、攻撃斜面での崩壊などでもたらされたものでしょう。

グレー砂層の上部は粘土層に漸移（ぜんい）します。これは突州の上に堆積した湿地の粘土とみられます。突州が前進するにしたがって、それを追いかけるように氾濫原が広がってきたことをうかがわせます。グレー砂層は、この露頭で横方向に10mあまり、実際にはおそらくそれ以上続きます。したがって、突州はそれなりの距離を前進した（逆にいえば、攻撃斜面が後退した）のでしょう。

以上のことから、ここで紹介したユニークな地層は、蛇行河川の堆積物であるとみられます。

地層から読み取る、かつての風景

さて、この露頭で見られたグレー砂層や上に重なる粘土層は、常総層と呼ばれる地層で、その年代は第四紀更新世の後期（約10万～数万年前）とされています。写真6-3の露頭は、筑波台地の西部で見られたものです（図6-3）。そして、筑波台地のすぐ西側の低地には、写真6-9の小貝川が蛇行しながら南北に流れています。数万年の時を隔てますが、この偶然出現した露頭付近で、小貝川のような河川が蛇行していたとしても、おかしくはないでしょう。

つくば市西部の、今や畑や森林の広がる台地となったところに、かつて大きな川が蛇行しながら悠々と流れていた。そして、この痕跡が台地を構成する地層のなかに密かに残されている……なかなかロマンのある話ではないでしょうか。

資源が挟まれていることも

実は、この話のはじめで紹介した、写真6-1の斜交葉理が見られる地層も蛇

写真6-11　泥岩層中の炭化物
場所と地層については写真6-1と同じである。泥岩層中に植物の炭化物（ペン近くの黒いところ）が狭まっている。この周囲では砂岩の部分も見られる。

行河川の堆積物と考えられています。写真の露頭は、北海道釧路市東部の海岸にあります。この地層は浦幌層群の雄別層といい、その時代は古第三紀始新世の後期（およそ4000万年～3500万年前）とされています。

雄別層では、写真6-1のような斜交葉理が発達した砂岩層が重なっています。おそらく突州の堆積物でしょう。また、氾濫原の堆積物と思われる、砂岩の混じった泥岩層も見られ、このようなところには植物の炭化物が挟まれています（**写真6-11**）。

氾濫原の地層には「**石炭層**」が挟まれることもあるようです。雄別層の場合、

写真6-12　「石炭の大露頭」

夕張の「24尺石炭層」としても知られる露頭である（石炭層は3層あり、その合計が24尺）。24尺は7.2mであり、このような石炭層ができるには、原料となる植物が厚さで100m以上必要とされる。当時の暖かな気候が植生を繁茂させたとみられる。

北海道夕張市　石狩層群夕張層（古第三紀始新世の中期、およそ4500万年前）

釧路市の西方で石炭層を挟むようになり、釧路炭田の一部を構成しています。また、北海道、石狩炭田の夕張層でも、蛇行河川で堆積した地層中に石炭層があります（**写真6-12**）。これも古第三紀始新世の地層で、その頃は暖かく、蛇行したとても大きな河川の周辺に植生が繁茂していたようです。石炭層を前にして、当時のようすをいろいろと想像してみるのも一興でしょう。

地層の特徴と環境の推定

蛇行河川の堆積物とみられる地層の特徴をまとめましょう。図6-4に従えば、蛇行河川では、まずは河川による側方への侵食があり、この侵食された空間を埋めるように突州の堆積物、つまりトラフ型斜交葉理の砂層が出張ってきます。そして、この堆積物の上に、氾濫による砂などを挟みながら、氾濫原の粘土層がのることになります。粘土層には、氾濫原に広がる植生を反映して植物片などが含まれる場合もあるでしょう。

したがって、ある場所で地層を下から上へ観察していったとき、**図6-5**のように、侵食面の上にトラフ型斜交葉理の砂層がきて、上方へいくにつれて細粒化して斜交葉理も小さくなり、そ

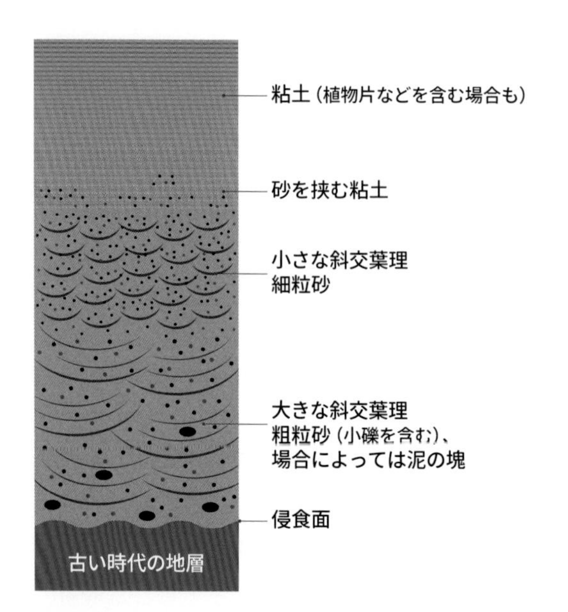

図6-5　地層の上下方向での変化（蛇行河川の場合）
参考文献[15]、[45]、[70]などを参考にして描いたもの

して粘土層（場合によって植物の根の痕や植物片も含む）になってしまうことがわかれば、蛇行河川の堆積物とみていいでしょう。

以上のように、どんな地層がどんな順番に重なっているか、あるいは下位から上位へ向かって砕屑物などの大きさがどうなるか、といったことから、地層のできたところを推定できます。今回は、蛇行河川の地層を紹介しましたが、このほか、河口近くの三角州、潮汐のある海岸、波浪の影響を受ける浅海などといったところでも、それぞれの特徴を持った地層が積み重なります。もちろん深い海でも、混濁流が流れ下ってできた堆積物（タービダイト）などに由来する、特徴ある地層が形成されます。このような特徴を使って、地層を解読することにより、遠い昔のようす（環境）を推定できるのです。

地層こぼれ話 7

逆もあるよ

自然界はへそ曲がり「逆級化構造」

第1話では、写真1-3（10ページ）を使って地層の級化構造を紹介しました。粒径の大きな砕屑物ほど速く沈むことでできる構造です。日常感覚的にも受け入れられやすいものですね。高校地学の教科書でも級化構造は必修事項になっています。しかし、自然界は思いのほかへそ曲がりで、粒径の大きなものが上位にくることもあるのです。これを「**逆級化構造**」といい、野外でときどき、この構造と遭遇することがあります。ここでは、その例を紹介しましょう。

まず、注目するのは、川の氾濫による堆積物です。図6-4に描いた氾濫原で堆積するものでしたね。あるいは、この図の自然堤防堆積物もそれに相当します。

氾濫原や自然堤防の堆積物を見る

川が氾濫すれば、氾濫原や攻撃斜面側の自然堤防周辺では、草が水流によって下流側に倒され、砂などの堆積物も残されるでしょう。**写真6-13**のような感じです。このようなところで、洪水が残した堆積物を観察してみました。**写真6-14**をご覧ください。崩れていた部分を多少削って堆積物の断面を出したものです。上に見える地面から順に下へ、この断面を見ていきましょう。

写真6-13　氾濫で倒された草と運ばれてきた砂
氾濫による水で草は下流側（写真右方向）に倒され、また運ばれてきた砂が一面に広がっている。

地面には砂にまみ

写真6-14
氾濫で運ばれてきた堆積物
1回の氾濫により、下位に泥を多く含む黒茶っぽい層、上位に明るいグレーの砂の層が残される。

れた落ち葉などがあり、そのすぐ下に厚さ2〜3cmの明るいグレーの砂の層があります。この砂の層の下方は、泥を多く含む黒茶っぽい層へと漸移していきます。黒茶っぽい層の厚さは3cmくらいです。この黒茶っぽい層の下には、また明るいグレーの砂の層が出てきて、両者の境はシャープです。この砂の層も下にいくにつれて、泥を含む黒茶っぽい層へと移り変わっていきます。さらにこの下位も、このような感じで砂と泥の層が交互に堆積しているとみられます。

氾濫1回分の堆積が逆級化構造に

このように規則正しく繰り返されていることから、1回の氾濫で、泥を多く含む層とその上にのる砂の層が形成されると考えられます。写真6-14の場合、シャープな境の上にある泥を多く含む層とそれにのる砂の層（地表に出ている砂の層）が、最新かつ1回の氾濫でできた堆積物とみられます。このようにみれば、シャープな境は、最新の氾濫以前の地面だったところになります。そこには、落ち葉など軽くガサガサとしたものはありませんが、おそらく氾濫が発生したときに流されてしまったのでしょう。

ここで着目するのは、1回の氾濫でできた層です。下から上へ泥がだんだんと少なくなって砂になるわけですから、逆級化構造になっています。氾濫の規模などによって、泥や砂の層の厚さ自体や両者の割合は変わってくるでしょうが、この場所では、逆級化構造という特徴は保持されるようです。このような堆積物は、次のようにしてできるとみられています。

川岸での逆級化構造のでき方

降雨が続き、河川からあふれ始めた水は、まず地表にあった細粒のもの（泥や細粒砂）を浮遊させて、濁り水となって氾濫原や自然堤防周辺を覆います。氾濫の初期には、この濁り水の流れはあまり勢いもなく、流れ出した先で、浮遊してきた泥などの細粒のものを沈積させて泥の層をつくります。その後、河川の増水が進むと、細粒のものの沈積は急減します。その一方で、砂が運ばれるようになって堆積していき、砂の層ができます。この結果、氾濫による堆積物は逆級化構造を持つことになります。

氾濫時の堆積物で見られる、このような逆級化構造は、茨城県南部を流れる桜川で報告されました（参考文献[43]）。写真6-14も桜川の川岸（攻撃斜面側の自然堤防周辺）で見られたものです。このような逆級化構造は、洪水時間が短く、河川周辺の地表にあった細粒の砕屑物が流出しやすいなどといった場合につくられるようです。

次に、これとは別タイプの逆級化構造の例を紹介しましょう。話の舞台は北へ飛びます。

積丹半島の一面ホワイトな地層

北海道の積丹（しゃこたん）半島、その北側の付け根付近にある余市町。ここから北西方向（積丹岬の方向）へ、7〜8kmのところに白岩町（白岩海岸）があります。その名のとおり、ここには真っ白な岩肌を見せた、大きな露頭が眼前に広がります（**写真6-15**）。この露頭の名も「白岩」です。

このあたりは出足平（でたるひら、でたるびら）とも呼ばれます。出足平はア

写真6-15　白岩
この写真に見える道路は、国道229号から海岸方向へ下っていた旧道で、
今ではトンネルはふさがれて行き止まりになっている。
北海道余市町　美国－湯内累層（新第三紀中新世の後期から鮮新世、およそ700万年～500万年前）

イヌ語の「レタル・ピラ」から来たもので、レタルは白、ピラは崖を意味します。このように白岩は、昔から地名に残るほど印象的な露頭なのです。なお、以上は参考文献[71]によるものですが、参考文献[66]では、ここのアイヌ語の地名は「レタㇻピラ」とカナ表記されています。

海底火山の噴出物での逆級化構造

この白岩は、海底での噴火による噴出物（火砕物）が水中を流れ下って堆積したものとされています。**写真6-16**をご覧ください。白岩の露頭です。この露

写真6-16　白岩の露頭
写真6-15で手前に写っている露頭。白岩（白っぽい部分）の上半分と下半分では様相が異なる。
矢印の層については本文参照。

頭では、白岩（白っぽい部分）の下半分は、白い火山灰のなかに白っぽい軽石や、ごく一部で黒っぽい安山岩の礫が雑然と入っています。黒っぽい安山岩の礫は白岩の下位にある地層からもたらされたようです。この下半分は一見雑然としていますが、よく見ると、写真の範囲では、軽石は上へいくほど、粒径が大きくなっています（粗い軽石のため露頭の表面は、上ほどガサガサとしています）。つまり、この部分は逆級化構造を示しているのです。水中での噴火によって火砕物が堆積するとき、大きい軽石の方が海底に降下するのが遅くなって、このような逆級化構造をつくることもあるようです。

もう一つの逆級化構造

さらに興味深いのは白岩の上半分です。ここでは堆積物はより細粒になり、層状に積み重なっています。平行葉理も見られますので、かなりの水流のある状況で火山灰などが堆積したとみられます。

ここで注目していただきたいのは、写真6-16の矢印で示した層です。この層を拡大したものが**写真6-17a**です。大きな礫をかなり多く含む層で、平行葉理が見られる火山灰層の間に挟まれています。

この層の右端付近（写真6-17b）を見ると、大きめの礫が集まっていて、下位にある火山灰層にめり込んでいることがわかります。そして、この部分では下位の火山灰層は、大きな礫によってかなり侵食されて（削りとられて）いることがわかります。一方、この層の左の方（写真6-17c）では、粗粒な礫ほど上にきています。つまり、ここでは逆級化構造が見られるのです。一つの可能性ですが、大きな礫などが水中で土石流のように流れ下り、ここでパタッと停止して、このような層になったのかもしれません。

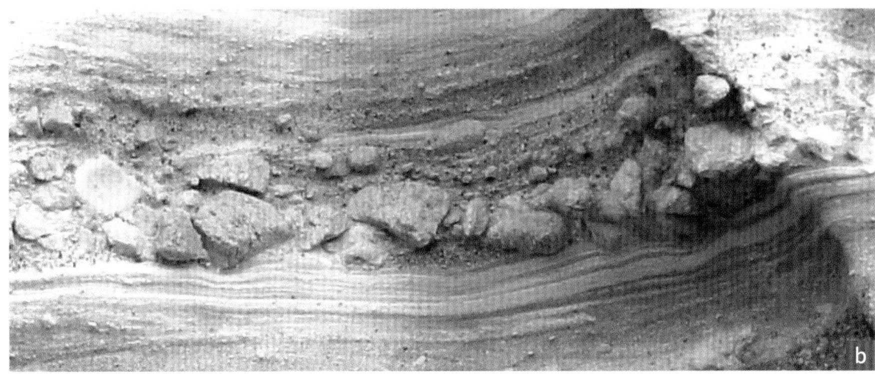

写真6-17　逆級化構造が見られる層

a　写真6-16の矢印の層
b　aの右部分の拡大
c　aの左部分の拡大

土石流の堆積物が逆級化構造になる理由

土石流の堆積物は、大小の岩塊が雑然と入っていて、何らかの構造が見られない場合も多いのですが、時として逆級化構造になることもあります。

大きな礫や砂・泥が混じり合って斜面を流下するとき、大きな礫どうしはぶつかり合って浮き上がり、その一方で砂・泥は流れの底の方へ落ちていきます。また、砂・泥が下位にあって流れた方が、大きな礫も運ばれていきやすいのです。このようなことで土石流の堆積物は逆級化構造になると考えられています。ちなみに、土石流の堆積物の場合、大きな礫ほど、速く運ばれて、流れの先端や端に集中するそうです。

積丹半島の地層の年代と特徴

白岩の地層は、新第三紀中新世の後期から鮮新世にかけて(おおよそ700万年から500万年前)のものと考えられています*。当時は、海域でマグマが次々と上昇し、爆発をともなう激しい火山活動が続いていました。このようななかで、軽石や火山岩片が火山灰とともに流れ下ったり、水中で溶岩がバラバラになったりしたものなどが堆積していたのです。

ここ白岩を含めた積丹半島には、おおよそ1500万年から500万年前くらいの海底火山活動にともなう地層が広く分布しています。海岸沿いでは、当時の海底火山活動のようすがわかる露頭をあちこちで見ることができます。

★地層名については、古い文献(参考文献[78])を参照すれば、美国－湯内累層の中部集塊岩層となっています。最近の文献(参考文献[48])では、尾根内層ないしはトーマル川層に相当するようです。

第7話
地上の破滅を記録した地層

地上の破滅とは何か

「地上の破滅を記録した地層」とは、なんとも仰々しいタイトルですね。地上の破滅ですから、地球上のほとんどとはいわないまでも、かなりの生物を絶滅に追いやってしまうような事象のことです。このような出来事が起こったときには、その前後の地層で出てくる化石の様相は驚くほど急変します。このため、そこに地質年代の大きな境が引かれます。例えば、第5話で紹介したP/T境界（古生代と中生代の境）がその最たるものでしょう。そして、表1-1（14ページ）を見ると、もう一つ大きな時代境界があることに気づきます。中生代と新生代の境です。これを「**K/Pg境界**」といいます。Kは白亜紀のドイツ語Kreideから、またPgは古第三紀の英語Paleogene*からとられています。白亜紀は英語でCretaceousとなりますが、Cではじまる紀の名が複数あるため（カンブリア紀（Cambrian）、石炭紀（Carboniferous））、ここはドイツ語由来になったようです。

＊ これは用語的にはPaleo（古い）とgene（系統・起源）が結びついたもので、これらの頭文字をとってPgになります。これをPだけにしてしまうと、ペルム紀（Permian）との区別がつかなくなります。また、日本語では古第三紀という時代名ですが、Paleogeneには第三紀という意味合いは入っていません。

隕石衝突説のはじまりは地層だった！

K/Pg境界のとき、直径10kmほどの巨大な隕石（小惑星）が地球に衝突し、恐竜やアンモナイトなど中生代を代表する生物が滅んだとする「**隕石衝突説**」は、今や世に知れ渡っているでしょう。では、どのようにしてこの説は生まれてきたのでしょうか。これについては、知らない方も多いかもしれません。

上記の隕石衝突説は、1980年に、アルヴァレス父子（父はノーベル物理学賞受賞者、息子は地質学者）らによって、アメリカの科学論文誌サイエンス誌に発表されました（参考文献[73]）。この説の出発点と根拠は地層にあります。イリジウム（Ir）という、一般に地球の表層にはほとんど存在せず隕石に多く含まれる元素が、イタリアやデンマークなど世界各地のK/Pg境界の地層で、通常の20〜160倍も濃集していたのです。隕石とか小惑星といえば、地球を離れてどこまでも広がる宇宙空間をすぐに思い浮かべてしまうでしょうが、実はこの壮大な話の出発点は、地べたの下の地層にあったのです（やっぱり地層はすごい！）。

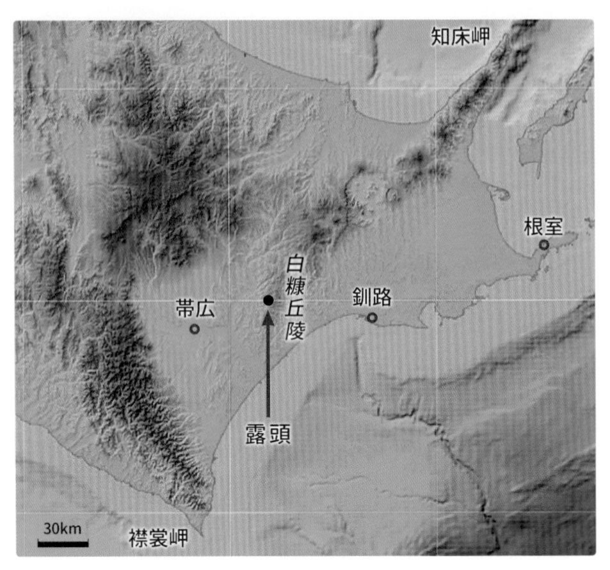

図7-1　K/Pg境界が見られる露頭の場所
露頭の具体的な場所や注意点などについては、例えば参考文献[31]を参考にするとよい。
地理院地図（https://maps.gsi.go.jp）の色別標高図に基づいて作成したもの
海域部は海上保安庁海洋情報部の資料を使用して作成されたもの

K/Pg境界の層は、ヨーロッパ各地では特徴的な粘土層として見つかります。そして、実は日本でも見出されています。ということで、最後の話は、この地層についてです。

森の奥にある境界の地層

ここは、北海道。帯広と釧路の間に広がる白糠（しらぬか）丘陵です（**図7-1**）。丘陵西側のすそ野には、うっそうとした森林が続きます。**写真7-1**は、この森の沢沿いで見られる、高さ2〜3mほどの露頭です。崩れやすく、あちこちが土砂に覆われています。このように観察条件はあまりよくありませんが、話の主役は、この露頭で見られる地層です。場所は、浦幌町というところになります。

写真7-1の露頭中央に大きな転石が写っています。注目してほしいところは

写真7-1　K/Pg境界の露頭

写真の右側に白亜紀の地層、左側に古第三紀暁新世の地層があり、K/Pg境界の層は、中央に見える大きな転石すぐ左側に位置している。沢は写真の左から右へ流れている。

北海道浦幌町　根室層群活平層の上部、ないしは根室層群川流布累層の上部泥岩部層（白亜紀の末から古第三紀暁新世のはじめ、およそ6600万年前）

その左下にある暗いグレーの部分です。近づいてみましょう。**写真7-2**をご覧ください。青緑色がかった暗いグレーの地層が見えます。そのなか、写真では右上から左下にかけて、厚さ数cmの黒い層が入っています。この層がここでの主役ですが……上の砂礫層からしみ出してきた水でぬれて、ちょっと見えにくいですね。そこで、露頭の上方から見下ろして撮影してみました。すると、**写真7-3**のように黒い層は多少際立ちました。

さて、青緑色がかった暗いグレーの地層や黒い層は、そこそこ深い海（水深数百m）で堆積した泥岩です。この黒い地層は「灰黒色粘土岩層」と呼ばれます。そして、これこそがK/Pg境界の層なのです。つまり、この灰黒色粘土岩層は、

写真7-2　露頭の拡大 その1
青緑色がかった暗いグレーの地層のなか、写真の右上からペンの少し上を通って左下へ、厚さ数cmの黒い層（灰黒色粘土岩層）が見える。これがK/Pg境界の層である。写真では黒い層の右側が白亜紀の地層である。

ちょうど中生代と新生代の境にあります（正確には、この層の下底が境になります）。そのようにいわれると、恐竜をはじめとする多くの生物がここを境に地球上から姿を消すイメージも湧いてきて、写真7-2や7-3を改めてじっくりと見てしまうかもしれません。

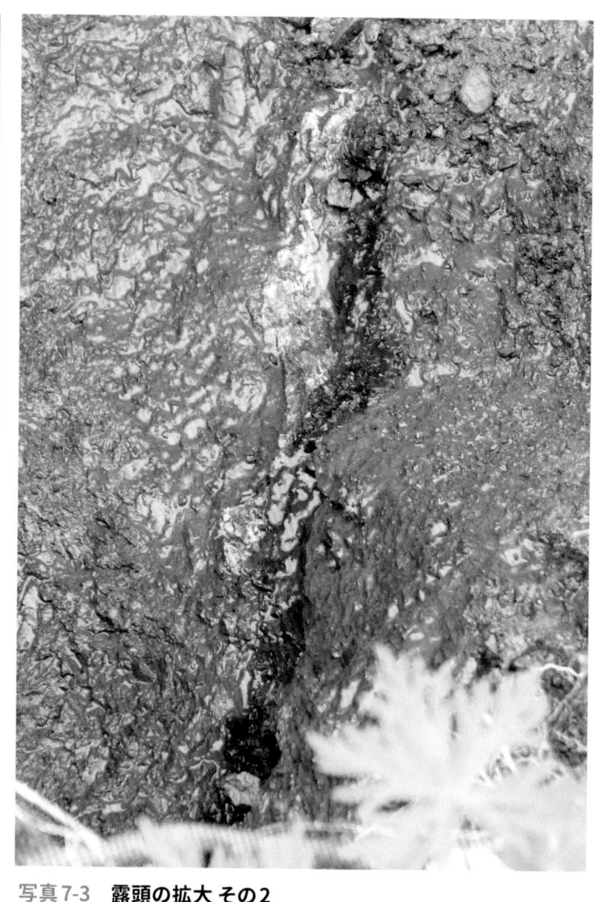

写真7-3　露頭の拡大 その2
露頭を上方から撮影したもの。黒い層（灰黒色粘土岩層）がより明瞭に見える。写真では黒い層の左側が白亜紀の地層である。

境界の地層をどのように見つけたのか

それにしても、この灰黒色粘土岩層をよくぞ見つけたものです。ここは森も深く、同じような泥質の地層が延々と続いています。そして、この粘土岩層は、厚さが数cmとごく薄く、色合いも際立って上下の地層と異なっているわけではありません。特に、露頭表面がぬれている場合、周辺の地層と区別がつきにくいものです。

では、灰黒色粘土岩層はどのようにして発見されたのでしょうか。この粘土岩層の存在を確信して、人海戦術的に探し出したのでしょうか。となれば、その探索は、まさに「干し草のなかから一本の針を探す」といった感じかもしれません。それとも偶然発見されたのでしょうか。地層ファンの筆者としては大いに気になるところです。ということで、この粘土岩層が見つかった経緯を紹介しましょう。

地層発見の糸口となった化石

まずは化石の話です。白亜紀に関係しているとなれば、恐竜やアンモナイト類の化石と思いきや、違います。「**有孔虫類**」という原生生物の化石のことで、これは1mm以下の小さなサイズのものが多いようです。

有孔虫類は、古生代のはじめ、カンブリア紀には出現していたとされます。最初の頃の有孔虫類は、砂などを集めて殻にしていました。古生代の後半、石炭紀に現れたフズリナ類も有孔虫類で、サイズは数mm〜1cmくらいと大きく石灰質の殻を持っています。このような有孔虫類は海底で生活するタイプで「**底生有孔虫**」と呼ばれるものです。

その一方で、中生代の中頃、ジュラ紀に入ると、浮遊するタイプ、つまりプランクトンとして生活するものも出てきました。これを「**浮遊性有孔虫**」といい、石灰質の殻を有しています。浮遊性有孔虫は、白亜紀以降、大いに繁栄します。そして、時代とともに姿形を次から次へと変えていくため、良好な示準化石となり、これによって白亜紀以降の時代が細かく区分されています。つまり、浮遊性有孔虫は、地層の年代を決定する上で、重要な役割を果たしているのです。ちなみに高校の地学で、古第三紀の示準化石としておなじみのカヘイ石（ヌンムリテス）は、最大で径10cmにも達する底生有孔虫です。

また、浮遊性有孔虫、底生有孔虫ともに、生息していた場所の環境についても、いろいろと教えてくれます。特に底生有孔虫は、海の深さとともに違った種類・群集が生息してるため、古水深の推定などに用いられます。例えば、第1話で紹介した千倉層群は、底生有孔虫の化石から水深2000mくらいの海底で堆積したと考えられています（11ページ参照）。

実は、灰黒色粘土岩層は浮遊性有孔虫のおかげで見つかったのです。ときは

1980年代の半ば。アルヴァレス父子の隕石衝突説の正否について、世界中で激しい論争が繰り広げられていました。そして、日本でもK/Pg境界にかかわる地層を見つけて議論しようと、地質の研究者たちが調査に乗り出しました。以下は、参考文献[56]に基づくものです。

地道な調査による絞り込み作業

この調査の際、研究者たちが目を付けたのは、北海道の白糠丘陵に分布する根室層群の活平(かつひら)層と呼ばれる地層でした。活平層からは白亜紀を示す二枚貝(イノセラムス類)が産出していて、しかもその最上部からは古第三紀暁新世の初期を示す浮遊性有孔虫が出ていたのです。活平層は単調な泥岩が続くので「これはそこそこ深い海で連続的に堆積したものに違いない、そのなかにきっとK/Pg境界がある」といった読みがあったのかもしれません。ちなみに、根室層群は、白糠丘陵のほか、釧路から根室にかけての海岸沿いにも分布しています。この海岸沿いでは、根室層群の厚岸層中にK/Pg境界があるとみられていますが、そこでの地層は、**地層こぼれ話2**で紹介したように、バラバラな状態になっていて、K/Pg境界を特定できていません。

さて、研究者たちが探索に使った手段は、もちろん浮遊性有孔虫。非常に小さな化石ですが、海底に沈積した堆積物には数多く含まれています。そして、浮遊性有孔虫のほとんどの種類がK/Pg境界で絶滅する、つまり境界を挟んでその種類がガラリと変わることが知られていました。

活平層が露出する川に沿ってサンプルを順次採集し、そのなかの浮遊性有孔虫を鑑定してK/Pg境界を探っていきます。地道な調査ですが、2回目の調査のときには、そのガラリと変わるところを現地で15mくらいの間に絞り込むことができたそうです。そして、1984年の3回目の調査で、ついに灰黒色粘土岩層を見つけたのです。

つまり、この発見は、浮遊性有孔虫の変遷を追って急変するところを絞り込んでいったら、そこに灰黒色粘土岩層があったという、ある意味で必然的な結果だったのです。研究者たちの執念を感じさせてくれる話ですね。

なお、白糠丘陵の根室層群については、上記とは別の地層区分もあり、参考文献[6]では、灰黒色粘土岩層は根室層群の川流布（かわるっぷ）累層中の上部泥岩部層にあるとしています。

粘土岩層に残された隕石衝突の痕跡

灰黒色粘土岩層については、その後の調査研究によって、いろいろなことがわかってきました。まず、この粘土岩層自体には、浮遊性有孔虫や底生有孔虫は見られません。これについては、粘土岩層の堆積が非常に速かった、あるいは環境の変化で石灰質の殻が溶けてしまったという可能性が考えられています。そして、浮遊性有孔虫の種類は、前述のとおり、粘土岩層を挟んで白亜紀のものから暁新世のものへと急変します。暁新世の浮遊性有孔虫が、この粘土岩層の直上から上位2〜3mの間の泥岩で、徐々に現れるようです。その一方で、粘土岩層を挟んで底生有孔虫の種類はほとんど変化しません。このことから、研究者たちは、そこそこ深い海（水深数百m）に棲む底生有孔虫は、巨大な隕石の衝突による環境変化の影響をあまり受けなかったとみています。

活平層には植物の花粉や胞子の化石もかなり含まれています。これらは灰黒色粘土岩層において激減し、なおかつここではシダ植物の胞子の割合が急に高くなるそうです。シダ植物は、気候の変化に強く悪化した環境でも繁殖が可能とされています。

灰黒色粘土岩層でのイリジウムの含有量はどうでしょうか。イリジウムは、いってみれば隕石衝突説の原点です。粘土岩層の発見から何年か後に、高度な機器で粘土岩層やその上下の泥岩層を分析したところ、粘土岩層のみからイリジウムが検出されました。とても微量でしたが、やはり粘土岩層にはイリジウムが含まれていたのです。

隕石衝突説はどのように認められたか

さて、アルヴァレス父子らの隕石衝突説は、その後、どのような経過をたどったのでしょうか。以下は、参考文献[19]などを参考にしたものです。

この説が提唱された後、その真偽をめぐって、激しい論争が続きました。そのようななか、この論争の帰趨を決する上で、決定的な発見が1991年にあったのです。

K/Pg境界のときに巨大な隕石が衝突したのであれば、そのときにできた跡（クレーター）が当然残っていなければなりません。実は、メキシコのユカタン半島で、約6600万年前の埋もれた巨大なクレーター（衝突痕）が見つかったのです。その直径は約180kmもあり、**チチュルブ・クレーター**と名付けられました。このことによって隕石衝突説は確固たるものになりました。

描き出された隕石衝突後のすさまじい世界

では、巨大な隕石の衝突と生物の絶滅の関係は、どのように考えられているのでしょうか。アルヴァレス父子らは、巨大な隕石の衝突により、大量の塵が放出され、それが数年にわたって太陽光を遮り、その結果、光合成する植物の活動が止まり、そして植物食の動物から肉食の動物への連鎖的な絶滅につながった、と考えました。この一連の絶滅のなかで、もちろん恐竜などが消え去ることになります。今でも、この考え方の基本的な部分は受け入れられていますが、調査研究の進展で、次のような、より詳細で具体的なことがわかってきたのです。

この巨大な隕石の衝突によって、放出されたエネルギーは膨大で、広島型原爆の10億倍くらいはあったと推定されています。そして、このような衝突があれば、地面は激烈に揺れます。この揺れはマグニチュード11以上の地震に相当するものとみられています。2011年の東日本大震災を引き起こした地震のマグニチュードは9.0ですので、その差は2以上。これは放出されるエネルギーが1000倍以上も大きいことを意味しています[*1]。また、衝突した地点は浅い海域でしたが、遡上高が最大300mといった想像を絶する巨大津波も発生したとされます。

衝突直後には、高温のすさまじい爆風や衝突放出物が周辺を襲って、灼熱状態となり、大規模な森林火災が発生したとみられます。さらに悪いことがあります。巨大な隕石の衝突地点には、石灰岩のほか、硬石こう（$CaSO_4$）などの硫酸塩鉱物を含む蒸発岩が厚く堆積していたのです[*2]。衝突によってこの蒸発岩から大量の硫黄（S）が放出され、大気中で硫酸エアロゾルがつくられたと考えられています。硫酸エアロゾルも太陽光を遮蔽する効果が大きいものです。

衝突によって放出された塵や森林火災による煤、硫酸エアロゾルが大気中に長期にわたって滞留して、太陽光を遮り、気候が一気に寒冷化したとみられます。衝突後10年ほどの間に気温が10度も低下したという試算もあるほどです。太陽光が届きにくくなることで、光合成を行う植物は大打撃を受けるでしょう。植物の活動がほぼ止まれば、食物連鎖上にいる動物の絶滅につながります。ただし、シダ植物は気候の悪化に強いとされ、北海道のK/Pg境界で見られた植物の花粉や胞子の変化は、これに対応していると考えられます。

さらに、硫酸エアロゾルは硫酸の酸性雨を降らします。この酸性雨は、最大で海面から水深100mくらいまでの海水を酸性にする可能性があるとされています。これは酸に弱い石灰質の殻を持つ生物にとっては致命的です。浮遊性有孔虫にも、北海道のK/Pg境界で見られたような激変がもたらされるでしょう。一方でこれは、水深数百mくらいにいた底生有孔虫には大きな変化がなかったこととも矛盾しません。

今後、チチュルブ・クレーターやその周辺の地層の調査が進めば、巨大な隕石衝突の状況が、より詳細にわかってくるものとみられます。また、世界各地で確認できるK/Pg境界の層について、多様な分野からのアプローチによる研究が進展すれば、それぞれの地域でどのような変動があって生物の絶滅に至ったのか、あるいは逆に生き残った条件は何か、といったことも明らかになっていくでしょう。

*1　高校の地学で習うように、マグニチュードが1大きくなると地震のエネルギーは約32倍、2大きくなると1000倍になります。

*2　蒸発岩は、閉じられた海域や塩水湖において水分が蒸発することで、そのなかに溶けていた成分が析出沈殿してできる堆積岩の一種です。蒸発岩を構成する鉱物として、岩塩、硬石こうなどがあります。

日本で一番新しいアンモナイト

最後に、話を北海道のK/Pg境界の露頭にもどしましょう。筆者の露頭見学からしばらくした2012年夏に、この付近でとても興味深いものが発見されました。アンモナイト類の化石です。灰黒色粘土岩層より15mくらい下位の地層から見つかりました。

このアンモナイト類は、異常巻のもので、ゼムクリップのごとく曲がった形をしています（**写真7-4**）。同定された学名は、ディプロモセラス シリンドラセアム（*Diplomoceras cylindraceum*）といいます。これは世界各地から産出しているアンモナイト類で、K/Pg境界の直前まで生きていたものとされています。

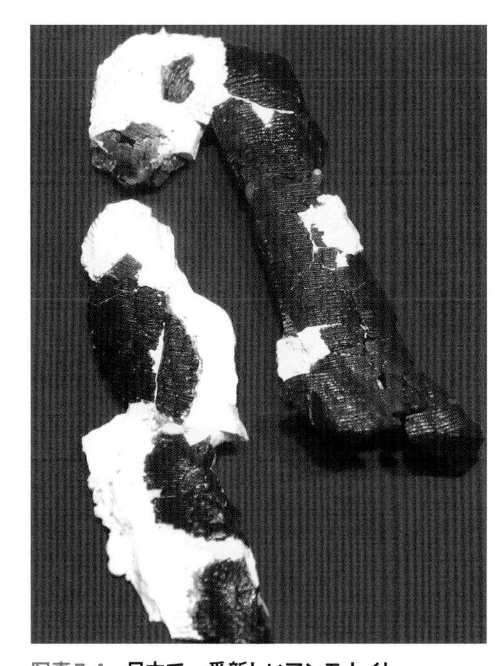

写真7-4　日本で一番新しいアンモナイト
K/Pg境界（灰黒色粘土岩層）の下位約15mのところにある地層から見つかったもの。
所蔵：浦幌町立博物館　茨城県自然博物館の第68回企画展にて撮影

現地での地層の厚さなどから年代を見積もると、発見されたアンモナイト類が生きていたのは、およそ6680万年前になるようです。この年代はK/Pg境界（約6600万年前）の80万年くらい前のことで、地質学的には中生代が終わる間際ともいえる時代です。地元では「最後のアンモナイト」とか「日本で一番新しいアンモナイト」あるいはちょっとローカルなフレーズですが「十勝ではじめて発見されたアンモナイト」*ということで話題になりました。

この話を終わるにあたって、もう一度、写真7-2や7-3を見返してみましょう。やはり地層ファンには感動的な写真です。わずか1mくらいの範囲に中生代から新生代にかけての連続的な地層が見えているのですから。

★ 白糠丘陵の西側に位置する浦幌町は十勝地方に属します。そして、アンモナイト類を産出することで有名な北海道の蝦夷層群は、十勝地方には分布していません。

あとがき

本書では、思わず見入ってしまうバラバラ地層、バリエーションのある底痕、奥の深いシマシマなチャート、大きいものが上にくる逆級化構造などなど、これまで一般向けの書籍ではほとんど扱われてこなかった話題を取り上げ、紹介しました。これらを理解するには、文章を読んだり図解や標本を見たりするだけではなく、やはり野外で観察することが一番です。とはいえ、読者の皆様が実際に見にいくことはなかなか難しいかもしれません。そこで、なるべく臨場感のある形で撮影した現場の写真を多数用いながら、それらについてわかりやすく、興味を引くよう説明してみました。本書をきっかけに、地層について少しでも関心を持っていただけましたでしょうか。

地層をはじめとする“石の世界”には、まだまだたくさんのすごいトピックスがあり、それに関係した写真を用意することができます。また、ご紹介するに際してのストーリー展開のアイデアもいろいろと思い浮かんできます。しかしながら、分量的なこともあり、今回はこのくらいで終わりにしましょう。

筆者としては今後も、試行錯誤を重ねながら、地層や岩石などの“石の世界”を興味深く、わかりやすく伝える執筆活動にチャレンジしていきたいと思っています。なお、このチャレンジの一環として、これまでに筆者は『楽しい地層図鑑』(草思社)を著しています。広大な“石の世界”のうち、特に地層や化石についての入門的な図鑑です。この図鑑も合わせて読んでいただけましたなら、“石の世界”への理解がより一層深まります。

今回も、草思社の久保田創さんには大変お世話になりました。本書の執筆にあたっては、前作(『楽しい地層図鑑』)の単なる続編ではなく、新たな構成で、この本だけでも楽しめるようにした方がよいとのアドバイスをいただきました。なかなか難しい命題でしたが、なんとかクリアできたのではないかと思っています。

最後になりますが、退職後も、筆者をいろいろと支えてくれる家族に心から感謝します。

活用ウエッブサイト・参考文献

Ⅰ 活用ウエッブサイト

A 地理院地図，https://maps.gsi.go.jp（閲覧日2023年4月15日）

国土地理院が運営するウエッブ地図である。表示される標準地図（地形図）は、高速道路などが供用開始日に反映されるなど、最新で正確な日本の姿を示すものとなっている。閲覧できる地図には色別標高図や陰影起伏図などがあり、このような地図を標準地図と合成したり3D化したりする機能もある。スタート画面の左上にある「地図」ボタンをクリックすれば「地図の種類」が現れ、「その他」を選択して「他機関の情報」に入っていけば、産業技術総合研究所地質調査総合センターの地質図を見ることができる（地質図の3D化も可能）。画面の右上「ヘルプ」をクリックすれば、使い方のわかりやすい解説がある。

また、国土地理院サイト，https://www.gsi.go.jp（閲覧日2023年4月15日）から「地図情報」に入り「地図・空中写真閲覧サービス」を選択すれば、いろいろな時期の空中写真などを見ることできる。そのなかには終戦直後に米軍が全国各地で撮影したものもある。

B 地質図ナビ，https://gbank.gsj.jp/geonavi/（閲覧日2023年4月15日）

産業技術総合研究所地質調査総合センターが運営するウエッブ地図である。20万分の1日本シームレス地質図をベースにして、地質に関する各種の地図や情報を見ることができる。地質図の凡例などもそろっている。

Ⅱ 参考文献

A 事典・地方地質誌関係

[1] 堆積学研究会編（1998）：堆積学辞典，朝倉書店
[2] 地学団体研究会編（1996）：地学事典 新版，平凡社
[3] 日本古生物学会編（2010）：古生物学事典（第2版），朝倉書店
[4] 日本古生物学会編（2023）：古生物学の百科事典，丸善出版
[5] 日本地形学連合編（2017）：地形の辞典，朝倉書店
[6] 日本地質学会編（2010）：日本地方地質誌1 北海道地方，朝倉書店
[7] 日本地質学会編（2008）：日本地方地質誌3 関東地方，朝倉書店
[8] 日本地質学会編（2006）：日本地方地質誌4 中部地方，朝倉書店
[9] 日本地質学会編（2009）：日本地方地質誌5 近畿地方，朝倉書店
[10] 日本地質学会編（2010）：日本地方地質誌8 九州・沖縄地方，朝倉書店

B 専門書・教科書・一般書関係

[11] 上田誠也・小林和男・佐藤任弘・斉藤常正編（1979）：変動する地球Ⅱ（海洋底）岩波講座地球科学11，岩波書店
[12] 岡田誠（2021）：チバニアン誕生，ポプラ社
[13] 沖野郷子・中西正男（2016）：海洋底地球科学，東京大学出版会
[14] 鹿島愛彦編著（1988）：愛媛の自然をたずねて 日曜の地学17，築地書館
[15] 勘米良亀齢・水谷伸治郎・鎮西清高編（1979）：地球表層の物質と環境 岩波講座地球科学5，岩波書店
[16] 木村学・大木勇人（2013）：図解 プレートテクトニクス入門 ブルーバックス，講談社
[17] 熊沢峰夫・伊東孝士・吉田茂生編（2002）：全地球史解読，東京大学出版会
[18] 小白井亮一（2021）：楽しい地層図鑑，草思社
[19] 後藤和久（2011）：決着！恐竜絶滅論争，岩波書店
[20] 近藤精造監修（1992）：千葉の自然をたずねて 日曜の地学19，築地書館
[21] 斉藤靖二（1992）：日本列島の生い立ちを読む 自然景観の読み方8，岩波書店
[22] 清水康行（2022）：蛇行河川の河床変動計算（基礎編）2次流と底面せん断力の方向について，https://i-ric.org/

yasu/nbook2/10_Chapt10.html（閲覧日2023年4月15日）
[23] 白尾元理・小疇尚・斉藤靖二（2001）：グラフィック 日本列島の20億年，岩波書店
[24] 菅沼悠介（2020）：地磁気逆転と「チバニアン」，講談社
[25] 平朝彦（2004）：地層の解読 地質学2，岩波書店
[26] 道東の自然史研究会編（1999）：道東の自然を歩く，北海道大学図書刊行会
[27] 西村祐二郎・鈴木盛久・今岡照喜・高木秀雄・金折裕司・磯﨑行雄（2019）：基礎地球科学（第3版），朝倉書店
[28] 日本古生物学会編（2004）：化石の科学（普及版），朝倉書店
[29] 日本堆積学会監修・伊藤慎総編集（2022）：フィールドマニュアル 図説堆積構造の世界，朝倉書店
[30] 日本地質学会構造地質部会編（2012）：日本の地質構造100選，朝倉書店
[31] 日本地質学会北海道支部監修・石井正之・鬼頭伸治・田所淳・宮坂省吾編著（2016）：北海道自然探検 ジオサイト107の旅，北海道大学出版会
[32] 平野弘道（2006）：絶滅古生物学，岩波書店
[33] 藤山家徳・浜田隆士・山際延夫監修（1982）：学生版 日本古生物図鑑，北隆館
[34] 保柳康一・公文富士夫・松田博貴（2004）：堆積物と堆積岩 Field Geology 3，共立出版
[35] 堀口萬吉監修（2012）：埼玉の自然をたずねて（改訂版）日曜の地学1，築地書館
[36] 松島亘志・成瀬元・横川美和編著（2020）：土砂動態学，共立出版
[37] 丸岡照幸（2010）：96%の大絶滅 地球史におきた環境大変動，技術評論社
[38] 宮坂省吾・田中実・岡孝雄・岡村聡・中川充編著（2011）：札幌の自然を歩く（第3版），北海道大学出版会
[39] 宮崎地質研究会編（2013）：宮崎県の地質フィールドガイド，コロナ社
[40] 森勇一編（1999）：フィールドサイエンス 地球のふしぎ探検（東海版ガイド），風媒社
[41] Allen,J.R.L.（1992）：Principles of Physical Sedimentology，Chapman & Hall

C 論文・報告・記事関係
[42] 石原与四郎・高清水康博・松本弾・宮田雄一郎（2014）：日南海岸沿いの深海堆積相と重力流堆積物，地質学雑誌120補遺（日本地質学会第121年学術大会巡検案内書）
[43] 伊勢屋ふじこ（1982）：茨城県，桜川における逆グレーディングをした洪水堆積物の成因，地理学評論55
[44] 磯﨑行雄（1993）：Superanoxiaと超大陸の形成:遠洋深海堆積物中に記録されたP-T境界事件の例，月刊地球15
[45] 岡崎浩子・増田富士雄（1992）：古東京湾地域の堆積システム，地質学雑誌98
[46] 岡田博有（2004）：堆積学を拓いた人々（7）――級化層理から混濁流学説への発展――，堆積学研究59
[47] 岡田博有（2004）：堆積学を拓いた人々（8）――Bouma sequenceから堆積物重力流学説への発展――，堆積学研究60
[48] 岡村聡・永田秀尚（2007）：忍路・積丹半島の水底火山活動と岩盤崩壊，地質学雑誌113補遺（日本地質学会第114年学術大会見学旅行案内書）
[49] 尾上哲治（2018）：美濃帯層状チャートの堆積機構に関する3つの問題，地質学雑誌124
[50] 海保邦夫（1995）：白亜紀／第三紀境界に何が起こったのか 生物の絶滅パターンとその原因，科学65
[51] 川上源太郎・塩野正道・河村信人・卜部暁子・小泉格（2002）：北海道中央部，夕張山地に分布する中新統川端層の層序と堆積年代，地質学雑誌108
[52] 菊地一輝・小竹信宏（2013）：徳島県北部島田島に分布する和泉層群板東谷層の生痕化石Archaeozosteraの産出層準の堆積環境，地質学雑誌119
[53] 久保健一・磯﨑行雄・松尾基之（1996）：層状チャートの色調と堆積場の酸化・還元条件：^{57}Feメスバウアー分光法によるトリアス紀遠洋深海チャート層中の鉄の状態分析，地質学雑誌102
[54] 郡場寛・三木茂（1931）：白亜紀和泉砂岩の化石コダイアマモ（新称）に関する考察，地球15
[55] 小竹信宏（1988）：房総半島南端地域の海成上部新生界，地質学雑誌94
[56] 斉藤常正・海保邦夫（1986）：白亜紀－第三紀（C-T）境界と恐竜の絶滅，月刊地球8

[57] 坂幸恭（1974）：埼玉県山中地溝帯の白亜系・三山層にみられる流痕（その１，すすき川流域），早稲田大学教育学部学術研究（生物学・地球科学編）23
[58] 地震調査研究推進本部地震調査委員会編（1997）：日本の地震活動 被害地震から見た地域別の特徴，地震調査研究推進本部
[59] 平朝彦（1985）：堆積物重力流のレオロジーと流動過程，月刊地球7
[60] 田崎和江・荒谷美智・矢野倉実・海保邦夫・野田修司（1992）：K-T境界における粘土鉱物の特異性とイリジウム，粘土科学32
[61] 千葉セクションGSSP提案チーム（2019）：千葉セクション：下部－中部更新統境界の国際境界模式層断面とポイントへの提案書（要約），地質学雑誌125
[62] 徳橋秀一・両角芳郎（1983）：和泉層群におけるコダイアマモの分布と産状，地質ニュース347
[63] 中尾京子・磯﨑行雄（1994）：美濃帯犬山地域の遠洋性チャート中に記録されたP/T境界深海anoxiaからの回復過程，地質学雑誌100
[64] 中尾賢一・小竹信宏（2016）：海草化石とされていたコダイアマモの正体が判明！，徳島県立博物館 博物館ニュース105，https://museum.bunmori.tokushima.jp/mnews/No105.pdf（閲覧日2023年4月15日）
[65] 中村羊大・小澤智生・延原尊美（1999）：宮崎県青島地域に分布する上部中新統－下部鮮新統宮崎層群の層序と軟体動物化石群，地質学雑誌105
[66] 北海道：アイヌ語地名リスト，https://www.pref.hokkaido.lg.jp/ks/ass/new_timeilist.html（閲覧日2023年4月15日）
[67] 北海道博物館（2015）：北太平洋地域で最後まで生き残っていたアンモナイトであることが判明（プレスリリース 研究成果情報），
https://www.hm.pref.hokkaido.lg.jp/wp-content/uploads/2015/11/151120hm-pressrelease.pdf（閲覧日2023年4月15日）
[68] 堀利栄・趙章熙（1991）：層状チャートのリズムとその起源について，月刊地球13
[69] 増田富士雄・岡崎浩子（1983）：筑波台地およびその周辺の台地の第四系中にみられる方向を示す構造，筑波の環境研究7
[70] 増田富士雄（1988）：ダイナミック地層学――古東京湾域の堆積相解析から――（その1基礎編），応用地質29
[71] 松田義章・山岸宏光（1994）：小樽・積丹海岸の水中火山岩，日本地質学会第101年 学術大会見学旅行案内書
[72] 山本由弦・坂口有人（2007）：地震が作り出した芸術：巨大乱堆積物，日本地質学会 News10
[73] Alvarez,L.W.,Alvarez,W.,Asaro,F. and Michel,H.V.（1980）：Extraterrestrial Cause for the Cretaceous-Tertiary Extinction Experimental results and theoretical interpretation，Science 208
[74] Saito,T.,Yamanoi,T. and Kaiho,K.（1986）：End-Cretaceous devastation of terrestrial flora in the boreal Far East，Nature 323
[75] Yamamoto,Y.,Ogawa,Y.,Uchino,T.,Muraoka,S.,Chiba,T.（2007）：Large-scale chaotically mixed sedimentary body within the Late Pliocene to Pleistocene Chikura Group, Central Japan，Island Arc 16

D 地質図関係

[76] 川上俊介・宍倉正展（2006）：館山（5万分の1地質図幅），産総研地質調査総合センター
[77] 西岡芳晴・中江訓・竹内圭史・坂野靖行・水野清秀・尾崎正紀・中島礼・実松健造・名和一成・駒澤正夫（2010）：伊勢（20万分の1地質図幅），産総研地質調査総合センター
[78] 根本忠寛・対馬坤六・上島宏（1955）：古平及び幌武意（5万分の1地質図幅説明書），北海道開発庁
[79] 牧本博・竹内圭史（1992）：寄居地域の地質 地域地質研究報告（5万分の1地質図幅），地質調査所
[80] 水谷伸治郎・小井土由光（1992）：金山地域の地質　地域地質研究報告（5万分の1地質図幅），地質調査所
[81] 三梨昂・須田芳朗（1980）：大多喜（20万分の1地質図幅），地質調査所
[82] 山口昇一・佐藤博之・松田武雄・須田芳朗（1975）：根室（20万分の1地質図幅），地質調査所
[83] 吉田史郎・脇田浩二（1999）：岐阜地域の地質 地域地質研究報告（5万分の1地質図幅），地質調査所

索引

著者略歴――――

小白井 亮一 こじろい・りょういち

1960年、東京都生まれ。1986年3月、千葉大学大学院理学研究科(地学専攻)修了。国土地理院にて、測量・地図作成や災害対応の業務に携わり、2021年3月退職。現在は、地層・化石・岩石・鉱物のこと、簡単にいえば“石の世界”について、興味深く、わかりやすく伝える執筆活動に取り組んでいる。たとえると“石の世界”の案内人。これまでの著書に『楽しい地層図鑑』(草思社)、『わかりやすい測量の数学 行列と最小二乗法』、『わかりやすいGPS測量』(ともにオーム社)、『地形のヒミツが見えてくる 体感！東京凸凹地図』(分担執筆、技術評論社)などがある。

ご意見・ご感想は、
こちらのフォームからお寄せください。
https://bit.ly/sss-kanso

すごい地層の読み解きかた

2023年8月31日　第1刷発行

文・写真　小白井 亮一
装幀者　Malpu Design(清水良洋)
発行者　碇　高明
発行所　株式会社 草思社
〒160-0022　東京都新宿区新宿1-10-1
電話　営業 03-4580-7676　編集 03-4580-7680

本文デザイン・DTP・図表作成　Malpu Design(佐野佳子)
印刷所　シナノ印刷 株式会社
製本所　シナノ印刷 株式会社

ISBN978-4-7942-2674-7 Printed in Japan　検印省略